西安交通大学"985"工程三期重点建设实验系列教材

工程材料基础实验指导书

（第3版）

席生岐 高 圆 编

U0290734

西安交通大学出版社
XI'AN JIAOTONG UNIVERSITY PRESS

内容摘要

本书是为配合理工类非材料专业学生学习"工程材料基础"课程的课内教学实验所编写的实验指导书。内容包括两节预备知识、3 个实验和主要相关设备的操作规程、部分钢铁材料的金相图谱以及数码金相显微镜中数字图像与处理知识、工程材料的成分分析与力学性能测试实验技术介绍以及全国大学生金相大赛简介及制样通用操作规程。

图书在版编目(CIP)数据

工程材料基础实验指导书 / 席生岐,高圆编. —3 版.
—西安：西安交通大学出版社,2020.9(2021.7 重印)
ISBN 978 - 7 - 5693 - 1765 - 7

Ⅰ.①工… Ⅱ.①席… ②高… Ⅲ.①工程材料-材料试验—高等学校—教学参考资料 Ⅳ.①TB302

中国版本图书馆 CIP 数据核字(2020)第 121010

书　　　名	工程材料基础实验指导书(第 3 版)	
编　　　者	席生岐　高圆	
责任编辑	屈晓燕	
责任校对	李　文	
出版发行	西安交通大学出版社	
	(西安市兴庆南路 1 号　邮政编码 710048)	
网　　　址	http://www.xjtupress.com	
电　　　话	(029)82668357　82667874(发行中心)	
	(029)82668315(总编办)	
传　　　真	(029)82668280	
印　　　刷	西安日报社印务中心	
开　　　本	727mm×960mm　1/16　印张　7.125　字数　133 千字	
版次印次	2020 年 9 月第 3 版　　2021 年 7 月第 2 次印刷	
书　　　号	ISBN 978 - 7 - 5693 - 1765 - 7	
定　　　价	18.00 元	

读者购书、书店添货,如发现印装质量问题,请与本社发行中心联系、调换。
订购热线:(029)82665248　(029)82665249
投稿热线:(029)82664954
读者信箱:754093571@qq.com

Preface 序

教育部《关于全面提高高等教育质量的若干意见》(教高〔2012〕4 号)第八条
"强化实践育人环节"指出,要制定加强高校实践育人工作的办法。《意见》要求高
校分类制订实践教学标准;增加实践教学比重,确保各类专业实践教学必要的学分
(学时);组织编写一批优秀实验教材;重点建设一批国家级实验教学示范中心、国
家大学生校外实践教育基地⋯⋯这一被我们习惯称之为"质量 30 条"的文件,"实
践育人"被专门列了一条,意义深远。

目前,我国正处在努力建设人才资源强国的关键时期,高等学校更需具备战略
性眼光,从造就强国之才的长远观点出发,重新审视实验教学的定位。事实上,经
精心设计的实验教学更适合承担起培养多学科综合素质人才的重任,为培养复合
型创新人才服务。

早在 1995 年,西安交通大学就率先提出创建基础教学实验中心的构想,通过
实验中心的建立和完善,将基本知识、基本技能、实验能力训练融为一炉,实现教师
资源、设备资源和管理人员一体化管理,突破以课程或专业设置实验室的传统管理
模式,向根据学科群组建基础实验和跨学科专业基础实验大平台的模式转变。以
此为起点,学校以高素质创新人才培养为核心,相继建成 8 个国家级、6 个省级实
验教学示范中心和 16 个校级实验教学中心,形成了重点学科有布局的国家、省、校
三级实验教学中心体系。2012 年 7 月,学校从"985 工程"三期重点建设经费中专
门划拨经费资助立项系列实验教材,并纳入到"西安交通大学本科'十二五'规划
教材"系列,反映了学校对实验教学的重视。从教材的立项到建设,教师们热情相
当高,经过近一年的努力,这批教材已见端倪。

我很高兴地看到这次立项教材有几个优点：一是覆盖面较宽，能确实解决实验教学中的一些问题，系列实验教材涉及全校 12 个学院和一批重要的课程；二是质量有保证，90％的教材都是在多年使用的讲义的基础上编写而成的，教材的作者大多是具有丰富教学经验的一线教师，新教材贴近教学实际；三是按西安交大《2010版本科培养方案》编写，紧密结合学校当前教学方案，符合西安交大人才培养规格和学科特色。

　　最后，我要向这些作者表示感谢，对他们的奉献表示敬意，并期望这些书能受到学生欢迎，同时希望作者不断改版，形成精品，为中国的高等教育做出贡献。

西安交通大学教授
国家级教学名师

2013 年 6 月 1 日

第 3 版前言

本实验指导书已经使用了十六年之久,距离第 2 版修订也过去了七年。"工程材料基础"课程经过课程组全体教师的努力建设,已经在中国大学 MOOC 平台上线,产生了巨大的影响力。此外,和本实验课程密切相关的全国大学生金相技能大赛在 2019 年全国普通高校大学生学科竞赛排行榜上已上榜。结合课程的发展情况,本次修订在保持前两版实验指导书的基本特色下进行。

修订的内容包括:①增加了附录 5"全国大学生金相技能大赛简介与通用操作规程";②由于采用了新的金相显微镜和数码显微镜系统,相应地修订了实验 1 中显微镜操作规程和附录 1 中的数字图像采集系统操作规程;③在每个实验后增加实验教学视频链接。本次修订希望能帮助非材料专业的工科学生在学习"工程材料基础"这门课程的基础上,结合实验指导书的学习和动手实验,也可以参与到全国大学生金相技能大赛中,提高金相技能和实验动手能力,实现"以赛促教,以赛促改,以赛促学",不断提高非材料专业工科人才培养质量。此外,线上实验视频有助于课程实现线上线下混合式教学,也为学生提供了自学平台。

本次修订工作中,实验员高圆老师承担了全书文字订正、附录 5 的收集整理、新的显微镜和数字图像采集系统操作规程的整理、实验视频的录制等多方面工作,全书由席生岐教授统筹负责,范群成教授主审。

由于编者水平有限,修订后的实验指导书难免还有不当之处,敬请读者批评指正。

编者

2020 年 5 月

于西安交通大学

第 2 版前言

时光飞逝,本实验指导书出版至今已近 10 年了,每年仅我校使用它的学生就有近千人,影响面大,在这 10 年里,"工程材料基础"课程在课程组努力下已建设成为国家级精品课程,并入选国家精品资源共享课程。随着课程建设的发展,结合多年来教学工作中的实际情况,本次在保持第一版实验指导书原有基本特色的前提下,进行了修订。

修订的内容包括:①将原实验 3"综合实验",具体更名为"碳钢热处理与组织及性能测试分析综合实验",并根据实际实验修订了部分实验规范和设备;②由于采用新的数码显微镜系统,相应地更换了附录 1 中的操作规程。除此外,本次修订的重点是:①附录 2 中增加了部分常见的金属工程材料金相图谱;②增加了附录 3"数码金相显微镜中数字图像与处理知识介绍";③增加了附录 4"工程材料的成分分析与力学性能测试实验介绍"。本次修订希望通过增加的这三方面内容,能对非材料专业的工科学生,在学习"工程材料基础"这门课程的基础上,结合实验和实验指导书的学习,增加他们对实际工作中涉及材料方面的研究开发与服役失效分析工作的基本处理思路,提高处理相应问题的能力,使非材料专业的工科学生也能够和材料方面的专家在分析实际问题时有一个较高的沟通讨论平台。

本次修订工作中,实验员高圆老师承担了全书中文字订正、部分工程材料金相图谱收集整理和附录 4 的初稿撰写等多方面工作,全书由席生岐教授统筹负责,范群成教授主审。

由于编者水平有限,修订后的实验指导书难免还有不当之处,敬请读者批评指正。

编者

2014 年 3 月

于西安交通大学

第 1 版前言

本实验指导书是配合理工类非材料专业学生学习"工程材料基础"课程的课内实验所编写的,目的是加强学生动手实践能力,加深理解课堂学习的知识,特别是通过开放性的学生自主综合实验,使非材料专业的工科学生也能深刻理解材料的成分—工艺—组织—性能之间的关系,为学生以后在工作中研究解决工程材料方面的相关问题打下良好的科学基础,从实验的角度配合实现"工程材料基础"课程的教学目标。

从培养理工类非材料专业学生能够合理选材并正确制定零件的加工工艺路线能力的目标出发,以钢铁材料为例,围绕工程材料的成分—工艺—组织—性能之间的关系主线,本实验指导书安排了"金相显微镜的使用与金相样品的制备"(实验 1)和"碳钢和铸铁的平衡组织与非平衡组织的观察与分析"(实验 2)两个基本实验和一个"综合实验"(实验 3)。鉴于非材料专业的学生在材料实验方面缺乏基本知识,在正式实验内容之前安排了"金相分析基础知识"和"材料硬度试验相关知识"两节预备知识。为保证安全正确地完成实验内容,指导书中还节选了部分主要设备的操作规程以及部分钢铁材料的金相图谱,供学生在实验时特别是自主实验时参考。

由于编者水平有限,加之时间要求紧迫,本实验指导书难免有不当之处,敬请读者批评指正。

编者
2005 年 7 月

目　录

预备知识 *1*

金相分析基础知识

金相分析在材料研究领域占有十分重要的地位,是研究材料内部组织的主要手段之一。金相显微分析法就是利用金相显微镜来观察为分析而专门制备的金相样品,通过放大几十倍到上千倍来研究材料组织的方法。现代金相显微分析的主要仪器为光学显微镜和电子显微镜两大类。这里仅介绍常用的光学金相显微镜及金相样品制备的一些基础知识。

1.1 光学金相显微镜基础知识

1.1.1 金相显微镜的构造

金相显微镜的种类和型式很多,最常见的有台式、立式和卧式三大类。金相显微镜的构造通常由光学系统、照明系统和机械系统三大部分组成,有的显微镜还附带有多种功能及摄影装置。目前,已把显微镜与计算机及相关的分析系统相联接,能更方便、更快捷地进行金相分析研究工作。

1. 光学系统

光学系统的主要构件是物镜和目镜,它们主要起放大作用,并获得清晰的图像。物镜的优劣直接影响成像的质量,而目镜是将物镜放大的像再次放大。

2. 照明系统

照明系统主要包括光源和照明器以及其它主要附件。

(1)光源的种类

光源包括白炽灯(钨丝灯)、卤钨灯、碳弧灯、氙灯和水银灯等。常用的是白炽灯和氙灯光源。一般白炽灯适合作为中、小型显微镜上的光源使用,电压为

6～12 V,功率为 15～30 W。而氙灯通过瞬间脉冲高压点燃,一般正常工作电压为 18 V,功率为 150 W,适合作为特殊功能的观察和摄影之用。一般大型金相显微镜常同时配有两种照明光源,以适应普通观察和特殊情况的观察与摄影之用。

(2)光源的照明方式

光源照明方式主要有临界照明和科勒照明,而散光照明和平行光照明只适用于特殊情况。

①临界照明:光源的像聚焦在样品表面上,虽然可得到很高的亮度,但对光源本身亮度的均匀性要求很高,目前很少使用。

②科勒照明:特点是光源的一次像聚焦在孔径光栏上,视场光栏和光源一次像同时聚焦在样品表面上,提供了一个很均匀的照明场,目前广泛使用。

③散光照明:特点是照明效率低,只在投射型钨丝灯做光源时,才用这种照明方式。

④平行光:照明的效果较差,主要用于暗场照明,各类光源均可用此照明方式。

(3)光路形式

按光路设计的形式,显微镜有直立式和倒立式两种。凡样品磨面向上,物镜向下的为直立式;而样品磨面向下,物镜向上的为倒立式。

(4)孔径光阑和视场光阑

孔径光阑位于光源附近,用于调节入射光束的粗细,以改变图像的质量。缩小孔径光阑可减少球差和轴外像差,加大衬度,使图像清晰,但会使物镜的分辨率降低。视场光阑位于另一个支架上,调节视场光阑的大小可改变视域的大小。视场光阑愈小,图像衬度愈佳。观察时应将视场光阑调至与目镜视域同样大小。

(5)滤色片

滤色片用于吸收白光中不需要的部分,只让一定波长的光线通过,以获得优良的图像。滤色片一般有黄色、绿色和蓝色等。

3. 机械系统

机械系统主要包括载物台、镜筒、调节螺丝和底座。

①载物台:用于放置金相样品。

②镜筒:用于联结物镜、目镜等部件。

③调节螺丝:有粗调和细调螺丝,用于图像的聚焦调节。

④底座:起支撑镜体的作用。

1.1.2　光学显微镜的放大成像原理及参数

1. 金相显微镜的成像原理

显微镜的成像放大部分主要由两组透镜组成。靠近观察物体的透镜叫物镜,而靠近眼睛的透镜叫目镜。通过物镜和目镜的两次放大,就能将物体放大到较高的倍数。图 1 为显微镜的放大光学原理图。物体 AB 置于物镜前,离其焦点略远处,物体的反射光线穿过物镜折射后,得到了一个放大的实像 A_1B_1,若此像处于目镜的焦距之内,通过目镜观察到的图像是目镜放大了的虚像 A_2B_2。

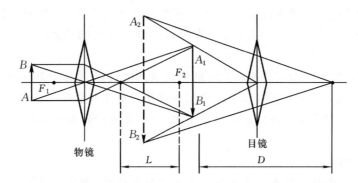

AB—物体;A_1B_1—物镜放大图像;A_2B_2—目镜放大图像;F_1—物镜的焦距;
F_2—目镜的焦距;L—光学镜筒长度(即物镜后焦点与目镜前焦点之间的距离);
D—明视距离(人眼的正常明视距离为 250 mm)。

图 1　显微镜放大光学原理图

2. 显微镜的放大倍数

物镜的放大倍数

$$M_{物}=A_1B_1/AB \approx L \diagup F_1$$

目镜的放大倍数

$$M_{目}=A_2B_2/A_1B_1 \approx D \diagup F_2$$

则显微镜的放大倍数为:

$$M_{总}= M_{物} \times M_{目}$$
$$=(L \diagup F_1) \times (D \diagup F_2)$$
$$=(L \times 250) \diagup (F_1 \times F_2)$$

显微镜总的放大倍数等于物镜放大倍数和目镜放大倍数的乘积。一般金相显微镜的放大倍数最高可达 1 600～2 000 倍。

由此可看出,因为光学镜筒长度 L 为定值,物镜的放大倍数越大,其焦距越短。在显微镜设计时,目镜的焦点位置与物镜放大所成的实像位置接近,并使目镜所成的最终倒立虚像在距眼睛 250 mm 处成像,这样使所成的图像看得很清楚。

显微镜的主要放大倍数一般通过物镜来保证,物镜的最高放大倍数可达 250 倍,目镜的最高放大倍数可达 25 倍。放大倍数分别标注在物镜和目镜的镜筒上。

在用金相显微镜观察组织时,应根据组织的粗细情况,选择适当的放大倍数,以使组织细节部分能观察清楚为准,不要只追求过高的放大倍数,因为放大倍数与透镜的焦距有关,放大倍数越高,焦距越小,会带来许多缺陷。

3. 透镜像差

透镜像差就是透镜在成像过程中,由于本身几何光学条件的限制,图像会产生变形及模糊不清的现象。透镜像差有多种,其中对图像影响最大的是球面像差、色像差和像域弯曲3种。

显微镜成像系统的主要部件为物镜和目镜,它们都是由多片透镜按设计要求组合而成,而物镜的质量优劣对显微镜的成像质量有很大影响。虽然在显微镜的物镜、目镜及光路系统等设计制造过程中,已将像差减少到很小的范围,但其依然存在。

(1)球面像差

①产生原因:球面像差是由于透镜的表面呈球曲形,来自一点的单色光线,通过透镜折射以后,中心和边缘的光线不能交于一点,靠近中心部分的光线折射角度小,在离透镜较远的位置聚焦,而靠近边缘处的光线偏折角度大,在离透镜较近的位置聚焦,所以形成了沿光轴分布的一系列的像,使图像模糊不清。这种像差称球面像差,如图2所示。

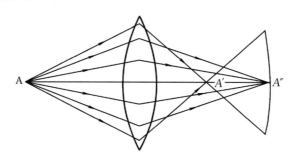

图 2　球面像差示意图

②校正方法:

a. 采用多片透镜组成透镜组,即将凸透镜与凹透镜组合形成复合透镜,产生性质相反的球面像差来减小这种像差。

b. 通过加光阑的办法,缩小透镜的成像范围。因球面像差与光通过透镜的面积大小有关。在金相显微镜中,球面像差可通过改变孔径光阑的大小来减小。孔径光阑越大,通过透镜边缘的光线越多,球面像差越严重。而缩小光阑,限制边缘光线的射入,可减少球面像差。但光阑太小,显微镜的分辨能力降低,也使图像模糊。因此,应将孔径光阑调节到合适的大小。

（2）色像差

①产生原因：白光是由多种不同波长的单色光组成，当白光通过透镜时，波长愈短的光，其折射率愈大，其焦点愈近。而波长愈长，折射率愈小，其焦点愈远，这样一来使不同波长的光线形成的像不能在同一点聚焦，使图像模糊所引起的像差，即色像差，如图 3 所示。

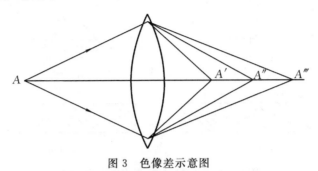

图 3　色像差示意图

②校正方法：可采用单色光源或加滤色片或使用复合透镜组来减小色像差。

（3）像域弯曲

①产生原因：垂直于光轴的平面，通过透镜所形成的像，不是平面而是凹形的弯曲像面，称像域弯曲，如图 4 所示。

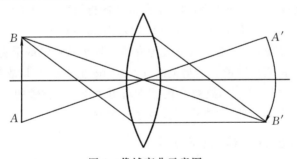

图 4　像域弯曲示意图

②校正办法：像域弯曲的产生，是由于各种像差综合作用的结果。一般的物镜或多或少地存在着像域弯曲，只有校正极佳的物镜才能达到趋于平坦的像域。

4. 物镜的数值孔径

物镜的数值孔径用 NA 表示（即 Numerical Aperture），表示物镜的聚光能力。数值孔径大的物镜，聚光能力强，即能吸收更多的光线，使图像更加清晰，物镜的数值孔径 NA 可用公式表示为

$$NA = n \cdot \sin\varphi$$

式中:n——物镜与样品间介质的折射率;

　　φ——通过物镜边缘的光线与物镜轴线所成角度,即孔径半角。

　　可见,数值孔径的大小与物镜和样品间介质的折射率 n 的大小有关,以及孔径半角的大小有关,如图 5 所示。

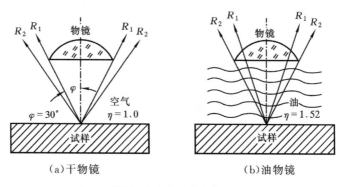

　　　　（a）干物镜　　　　　　　　　　（b）油物镜

图 5　不同介质对物镜聚光能力的比较

　　若物镜的孔径半角为 30°,当物镜与物体之间的介质为空气时,光线在空气中的折射率为 $n=1$,则数值孔径为

$$NA=n \cdot \sin\varphi=1\times\sin30°=0.5$$

　　若物镜与物体之间的介质为松柏油时,介质的折射率 $n=1.52$,则其数值孔径为

$$NA=n \cdot \sin\varphi=1.52\times\sin30°=0.76$$

　　物镜在设计和使用中,指定以空气为介质的称干系物镜或干物镜,以油为介质的称为油浸系物镜或油物镜。干物镜的 $n=1$,$\sin\varphi$ 值总小于 1,故数值孔径 NA 小于 1;油物镜因 $n=1.5$ 以上,故数值孔径 NA 可大于 1。物镜的数值孔径的大小,标志着物镜分辨率的高低,即决定了显微镜分辨率的高低。

5．显微镜的鉴别能力(分辨率)

　　显微镜的鉴别能力是指显微镜对样品上最细微部分能够清晰分辨而获得图像的能力,如图 6 所示。它主要取决于物镜的数值孔径 NA 值大小,是显微镜的一个重要特性。通常用可辨别的样品上的两点间的最小距离 d 来表示,d 值越小,表示显微镜的鉴别能力越高。

　　显微镜的鉴别能力可用下式表示:

$$d=\frac{\lambda}{2NA}$$

式中:λ　——入射光的波长;

　　NA　——物镜的数值孔径。

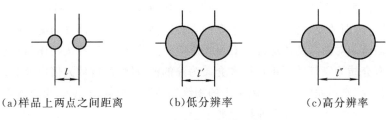

（a）样品上两点之间距离　　　　（b）低分辨率　　　　　（c）高分辨率

图 6　显微镜分辨率高低示意图

可见分辨率与入射光的波长成正比，λ 越短，d 值越小，分辨率越高；其与数值孔径成反比，数值孔径 NA 越大，d 值越小，表明显微镜的鉴别能力越高。

6. 有效放大倍数

用显微镜能否看清组织细节，不但与物镜的分辨率有关，且与人眼的实际分辨率有关。若物镜分辨率很高，形成清晰的实像，而配用的目镜倍数过低，也使观察者难于看清，这称之为放大不足。但若选用的目镜倍数过高，即总放大倍数越大，也并非看得越清晰。实践表明，超出一定的范围，放得越大越模糊，这称之为虚伪放大。显微镜的有效放大倍数取决于物镜的数值孔径。有效放大倍数是指物镜分辨清晰的距离 d，同样能被人眼分辨清晰所必须的放大倍数，用 M_g 表示

$$M_g = d_1/d = 2\,d_1 \cdot NA/\lambda$$

式中：d_1 ——人眼的分辨率；

　　d ——物镜的分辨率。

在明视距离 250 mm 处正常人眼的分辨率为 0.15～0.30 mm，若取绿光 $\lambda = 5\,500 \times 10^{-7}$ mm，则

$$M_{g,\min} = (2 \times 0.15 \times NA)/(5\,500 \times 10^{-7}) \approx 550 NA$$

$$M_{g,\max} = (2 \times 0.30 \times NA)/(5\,500 \times 10^{-7}) \approx 1\,000 NA$$

这说明在 550NA～1 000NA 范围内的放大倍数均称有效放大倍数。但随着光学零件的设计完善与照明方式的不断改进，以上范围并非严格限制。有效放大倍数的范围，对物镜和目镜的正确选择十分重要。例如物镜的放大倍数是 25，数值孔径为 $NA = 0.4$，即有效放大倍数应为 200～400 倍，应选用 8 倍或 16 倍的目镜才合适。

1.1.3　物镜与目镜的种类及标志

1. 物镜的种类

物镜是成像的重要部分，而物镜的优劣取决于其本身像差的校正程度，所以物镜通常是按照像差的校正程度来分类，一般分为消色差及平面消色差物镜、复消色

差及平面复消色差物镜、半复消色差物镜、消像散物镜等。因为对图像质量影响很大的像差是球面像差、色像差和像域弯曲,前二者对图像中央部分的清晰度有很大影响,而像域弯曲对图像的边缘部分有很大影响。除此之外,还有按物体与物镜间介质分类的,有介质为空气的干系物镜和介质为油的油系物镜;按放大倍数分类的低、中、高倍物镜和特殊用途的专用显微镜上的物镜如高温反射物镜、紫外线物镜等。

按像差分类的常用的几种物镜如下。

(1)消色差及平面消色差物镜

消色差物镜对像差的校正仅为黄、绿两个波区,使用时宜以黄绿光作为照明光源,或在入射光路中插入黄绿色滤色片,以使像差大为减少,图像更为清晰。而平面消色差物镜还对像域弯曲进行了校正,使图像平直,边缘与中心能同时清晰成像,适用于金相显微摄影。

(2)复消色差及平面复消色差物镜

复消色差物镜色差的校正包括可见光的全部范围,但部分放大率色差仍然存在。而平面复消色差物镜还进一步做了像域弯曲的校正。

(3)半复消色差物镜

像差校正介于消色差和复消色差物镜之间,其它光学性质与复消色差物镜接近。但价格低廉,常用来代替复消色差物镜。

2. 物镜的标志

物镜的标志一般包括如下几项。

(1)物镜类别

国产物镜,用物镜类别的汉语拼音字头标注,如平面消色差物镜标以"PC"(平场)。西欧各国产物镜多标有物镜类别的英文名称或字头,如平面消色差物镜标以"Planarchromatic 或 Pl",消色差物镜标以"Achromatic",复消色差物镜标以"Apochromatic"。

(2)物镜的放大倍数和数值孔径

物镜的放大倍数和数值孔径标在镜筒中央位置,并以斜线分开,如"10×/0.30""45×/0.63",斜线前如"10×""45×"为放大倍数,其后为物镜的数值孔径如"0.30""0.63"。

(3)适用的机械镜筒长度

如"170""190""∞/0",表示机械镜筒长度(即物镜座面到目镜筒顶面的距离)为170,190,无限长。"0"表示无盖玻片。

(4)特别标准

油浸物镜标有特别标注,刻以"HI""oil",国产物镜标有"油"或"Y"。

物镜的标志如图 7 所示。

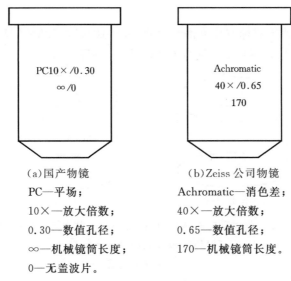

（a）国产物镜

PC—平场；

10×—放大倍数；

0.30—数值孔径；

∞—机械镜筒长度；

0—无盖波片。

（b）Zeiss 公司物镜

Achromatic—消色差；

40×—放大倍数；

0.65—数值孔径；

170—机械镜筒长度。

图 7　物镜的性能标志

3. 目镜的类型

目镜的作用是将物镜放大的像再次放大,在观察时于明视距离处形成一个放大的虚像,而在显微摄影时,通过投影目镜在承影屏上形成一个放大的实像。

目镜按像差校正及适用范围分类如下。

（1）负型目镜

负型目镜（如福根目镜）由两片单一的平凸透镜在中间夹一光栏组成,接近眼睛的透镜称目透镜,起放大作用,另一个称场透镜,使图像亮度均匀,未对像差加以校正,只适用于与低中倍消色差物镜配合使用。

（2）正型目镜

正型目镜（如雷斯登目镜）与上述不同的是光栏在场透镜外面,它有良好的像域弯曲校正,球面像差也较小,但色差比较严重,同倍数下比负型目镜观察视场小。

（3）补偿目镜

补偿型目镜是一种特制目镜,结构较复杂,用以补偿校正残余色差,宜与复消色差物镜配合使用,以获得清晰的图像。

（4）摄影目镜

摄影目镜专用于金相摄影,不能用于观察,球面像差及像域弯曲均有良好的校正。

（5）测微目镜

测微目镜用于组织的测量,内装有目镜测微器,与不同放大倍数的物镜配合使用时,测微器的格值不同。

4. 目镜的标志

通常一般目镜上只标有放大倍数,如"7×""10×""12.5×"等,补偿型目镜上还有一个"K"字,广视域目镜上还标有视场大小,如图 8 所示。

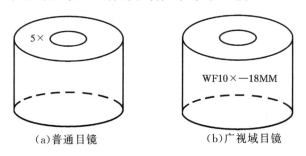

(a)普通目镜　　　　　　　　　(b)广视域目镜

5×—放大倍数为 5 倍;WF—广视域;10×—放大倍数为 10 倍;

18MM—视场大小为 18 mm。

图 8　目镜的标志

1.2　金相样品的制备方法概述

在用金相显微镜来检验和分析材料的显微组织时,需将所分析的材料制备成一定尺寸的试样,并经磨制、抛光与腐蚀工序,才能进行材料的组织观察和研究工作。

金相样品的制备过程一般包括如下步骤:取样、镶嵌、粗磨、细磨、抛光和腐蚀。分别叙述如下。

1.2.1　取样与镶嵌

1. 取样

(1)选取原则

应根据研究目的选取有代表性的部位和磨面。例如,在研究铸件组织时,由于偏析现象的存在,必须从表层到中心,同时取样观察;而对于轧制及锻造材料则应同时截取横向和纵向试样,以便分析表层的缺陷和非金属夹杂物的分布情况;对于一般的热处理零件,可取任一截面。

(2)取样尺寸

截取的试样尺寸,通常为高度 10 mm 左右、直径为 12～15 mm 的圆柱体,或高度为 10 mm 左右、截面边长为 12～15 mm 的长方体,原则以便于手握为宜。

(3)截取方法

视材料性质而定,软的可用手锯或锯床切割,硬而脆的可用锤击,极硬的可用砂轮片或电脉冲切割。无论采取哪种方法,都不能使样品的温度过于升高而使组织变化。

2. 镶嵌

当试样的尺寸太小或形状不规则时,如细小的金属丝、片、小块状或要进行边缘观察时,可将其镶嵌或夹持,如图 9 所示。

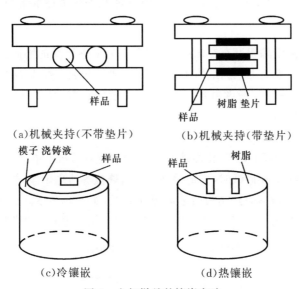

图 9　金相样品的镶嵌方法

(1)热镶嵌

用热凝树脂(如胶木粉等),在镶嵌机上进行。适用于在低温及不大的压力下组织不产生变化的材料。

(2)冷镶嵌

用树脂加固化剂(如环氧树脂和胺类固化剂等)进行,不需要设备,在模子里浇铸镶嵌。适用于不能加热及加压的材料。

(3)机械夹持

通常用螺丝将样品与钢板固定,样品之间可用金属垫片隔开,也适用于不能加热的材料。

1.2.2　磨制

1. 粗磨

取好样后,为了获得一个平整的表面,同时去掉取样时有组织变化的部分,在不影响观察的前提下,可将棱角磨平,并将观察面磨平。一定要将切割时的变形层磨掉。

一般的钢铁材料常在砂轮机上磨制,压力不要过大,同时用水冷却,操作时要当心,防止手指等损伤。而较软的材料可用挫刀磨平。砂轮的选择,磨料粒度为40、46、54、60 等号,数值越大越细,材料为白刚玉、棕刚玉、绿碳化硅、黑碳化硅等,代号分别为 GB、GZ、GC、TH 或 WA、A、TL、C,尺寸一般为外径×厚度×孔径＝250 mm×25 mm×32 mm。表面平整后,将样品及手用水冲洗干净。

2. 细磨

细磨的目的是消除粗磨存在的磨痕,获得更为平整光滑的磨面。细磨是在一套粒度不同的金相砂纸上由粗到细依次进行磨制,砂纸号数一般为 120、280、01、03、05,或 120、280、02、04、06 号,粒度由粗到细,对于一般的材料(如碳钢样品)磨制方式为手工磨制和机械磨制。

(1)手工磨制

将砂纸铺在玻璃板上,一手按住砂纸,一手拿样品在砂纸上单向推磨,用力要均匀,使整个磨面都磨到,更换砂纸时,要把手、样品、玻璃板等清理干净,并与上道磨痕方向垂直磨制,磨到前道磨痕完全消失时才能更换砂纸,如图 10 所示。也可用水砂纸进行手工湿磨,即在序号为 240、400、600、800、1 000 的水砂纸上边冲水边磨制。

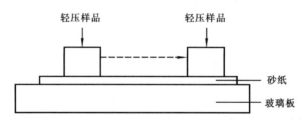

图 10　砂纸上磨制方法示意图

(2)机械磨制

在预磨机上铺上水砂纸进行磨制,与手工湿磨方法相同。

1.2.3　抛光

抛光的目的是消除细磨留下的磨痕,获得光亮无痕的镜面。方法有机械抛光、电解抛光、化学抛光和复合抛光等,最常用的是机械抛光。

1. 机械抛光

机械抛光是在专用的抛光机上进行抛光,靠极细的抛光粉和磨面间产生的相对磨削和滚压作用来消除磨痕的,分为粗抛光和细抛光两种,如图 11 所示。

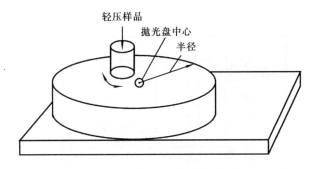

图 11　样品在抛光盘中心与边缘之间抛光示意图

（1）粗抛光

粗抛光一般是在抛光盘上铺以细帆布，抛光液通常为 Cr_2O_3、Al_2O_3 等粒度为 $1～5\ \mu m$ 的粉末制成水的悬浮液，一般 $1\ L$ 水加入 $5～10\ g$ 粉末，手握样品在专用的抛光机上进行。边抛光边加抛光液，一般的钢铁材料粗抛光可获得光亮的表面。

（2）细抛光

细抛光是在抛光盘上铺以丝绒、丝绸等，用更细的 Al_2O_3、Fe_2O_3 粉制成水的悬浮液，与粗抛光的方法相同。样品磨面上磨痕变化如图 12 所示。

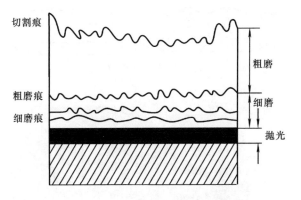

图 12　样品磨面上磨痕变化示意图

2. 电解抛光

电解抛光是利用阳极腐蚀法使样品表面光滑平整的方法。具体做法：把磨光的样品浸入电解液中，样品作为阳极，阴极可用铝片或不锈钢片制成；接通电源，一般用直流电源，如图 13 所示。由于样品表面高低不平，在表面形成一层厚度不同的薄膜，凸起的部分膜薄，因而电阻小，电流密度大，金属溶解的速度快；而下凹的部分形成的膜厚，溶解的速度慢，使样品表面逐渐平坦，最后形成光滑表面。

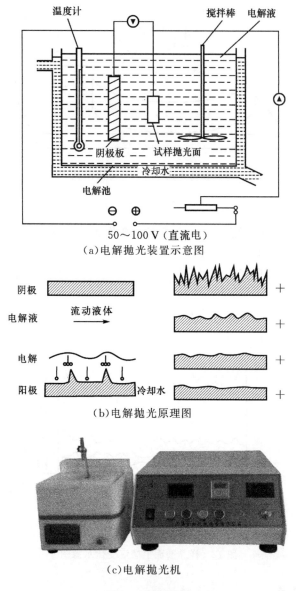

(a)电解抛光装置示意图

(b)电解抛光原理图

(c)电解抛光机

图 13 电解抛光

　　电解抛光的优点是只产生纯化学的溶解作用,无机械力的影响,所以能够显示金相组织的真实性,特别适用于有色金属及其它硬度低、塑性大的金属,如铝合金、不锈钢等。其缺点是对非金属夹杂物及偏析组织、塑料镶嵌的样品等不适用。

3. 化学抛光

化学抛光是靠化学试剂对样品表面凹凸不平区域的选择性溶解作用消除磨痕的一种方法。化学抛光液，多数由酸或混合酸、过氧化氢及蒸馏水组成，酸主要起化学溶解作用，过氧化氢提高金属表面的活性，蒸馏水为稀释剂。

化学抛光的优点是操作简单，成本低，不需专门设备，抛光同时还兼有化学浸蚀作用，可直接观察。其缺点是样品的平整度差，夹杂物易蚀掉，抛光液易失效，只适用于低、中倍观察。对于软金属，如锌、铅等，化学抛光比机械抛光、电解抛光效果更好。

1.2.4 腐蚀（浸蚀）

经过抛光的样品，在显微镜下观察时，除非金属夹杂物、石墨、裂纹及磨痕等能看到外，只能看到光亮的磨面，要看到组织必须进行腐蚀。腐蚀的方法有多种，如化学腐蚀、电解腐蚀、恒电位腐蚀等，最常用的是化学腐蚀法。下面介绍化学腐蚀显示组织的基本过程。

1. 化学腐蚀法的原理

化学腐蚀的主要原理是利用腐蚀剂对样品表面引起的化学溶解作用或电化学作用（微电池作用）来显示组织。

2. 化学腐蚀的方式

化学腐蚀的方式取决于组织中组成相的性质和数量。纯粹的化学溶解是很少的。一般把纯金属和均匀的单相合金的腐蚀主要看作是化学溶解过程，两相或多相合金的腐蚀，主要是电化学溶解过程。

(1)纯金属或单相合金的化学腐蚀

它是一个纯化学溶解过程，由于其晶界上原子排列紊乱，具有较高的能量，故易被腐蚀形成凹沟。同时由于每个晶粒排列位向不同，被腐蚀程度也不同，所以在明场下显示出明暗不同的晶粒。

(2)两相合金的腐蚀

它是一个电化学的的腐蚀过程。由于各组成相具有不同的电极电位，样品浸入腐蚀剂中，就在两相之间形成无数对微电池。具有负电位的一相成为阳极，被迅速溶入腐蚀剂中形成低凹；具有正电位的另一相成为阴极，在正常的电化学作用下不受腐蚀而保持原有平面。当光线照到凹凸不平的样品表面上时，由于各处对光线的反射程度不同，在显微镜下就看到各种的组织和组成相。

(3)多相合金的腐蚀

一般而言，多相合金的腐蚀，同样也是一个电化学溶解的过程，其腐蚀原理与两相合金相同。但多相合金的组成相比较复杂，难于用一种腐蚀剂来显示多种相，只有采取选择腐蚀法等专门的方法才行。

3. 化学腐蚀剂

它是用于显示材料组织而配制的特定的化学试剂。多数腐蚀剂是在实际的实验中总结归纳出来的。一般腐蚀剂是由酸、碱、盐以及酒精和水配制而成。钢铁材料最常用的化学腐蚀试剂是 3%～5%硝酸酒精溶液,各种材料的腐蚀剂可查阅有关手册。

4. 化学腐蚀方法

化学腐蚀一般有浸蚀法、滴蚀法和擦蚀法,如图 14 所示。

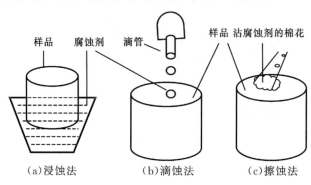

图 14　化学腐蚀方法

(1)浸蚀法

将抛光好的样品放入腐蚀剂中,抛光面向上,或抛光面向下,浸入腐蚀剂中,不断观察表面颜色的变化,当样品表面略显灰暗时,即可取出,充分冲水、冲酒精,再快速用吹风机充分吹干。

(2)滴蚀法

一手拿竹夹子夹住样品,表面向上,另一手用滴管吸入腐蚀剂滴在样品表面,观察表面颜色的变化情况,当表面颜色变灰时,再过 2～3 s 即可充分冲水冲酒精,再快速用吹风机充分吹干。

(3)擦蚀法

用沾有腐蚀剂的棉花轻轻地擦拭抛光面,同时观察表面颜色的变化,当样品表面略显灰暗时,即可取出,充分冲水、冲酒精,再快速用吹风机充分吹干。

经过上述操作,腐蚀完成后,金相样品的制备即告结束。这时要将手和样品的所有表面都完全干燥后,方可在显微镜下观察和分析金相样品的组织。

预备知识*2*

材料硬度试验相关知识

2.1 概述

硬度并不是金属独立的基本性能,它是指金属在表面上的不大体积内抵抗变形或者破裂的能力。究竟它表征哪一种抗力则决定于采用的试验方法,如刻划法型硬度试验表征金属抵抗破裂的能力,而在压入法试验中,材料的硬度是指金属材料表面在接触压应力作用下抵抗塑性变形的一种能力。硬度测量能够给出材料软硬程度的数量概念。由于在材料表面以下不同深处材料所承受的应力和所发生的变形程度不同,因而硬度值可以综合地反映压痕附近局部体积内材料的弹性、微量塑变抗力、塑变强化能力以及大量形变抗力。硬度越大,表明金属抵抗塑性变形的能力越大,材料产生塑性变形就越困难。硬度是金属材料一项重要的力学性能指标。另外,硬度与其它机械性能(如强度指标及塑性指标)之间有一定的内在联系,所以从某种意义上说硬度的大小对于机械零件或工具的使用性能及寿命具有决定性意义。

2.2 压入法硬度试验及其特点

在机械工业中广泛采用压入法来测定硬度。压入法就是把一个很硬的压头以一定的压力压入试样的表面,使金属产生压痕,然后根据压痕的大小来确定硬度值。压痕越大,则材料越软;反之,则材料越硬。

压入法硬度试验的主要特点如下。

①设备简单,操作迅速方便。

②适用范围广。压入试验时材料的应力状态最软(即最大切应力远远大于最大正应力),因而不论是塑性材料还是脆性材料均能发生塑性变形。

③可粗略估计材料的其它力学性能。金属的硬度与强度指标之间存在如下近

似关系

$$\sigma_b = K \times HB$$

式中：σ_b ——材料的抗拉强度，MPa；

$\quad HB$——布氏硬度值；

$\quad K$ ——系数。

退火状态的碳钢：K 取值 0.34～0.36；合金调质钢：K 取值 0.33～0.35；有色金属：K 取值 0.33～0.53。

此外，硬度值对材料的耐磨性、疲劳强度等性能也有定性的参考价值，通常硬度值高，这些性能也就好。在机械零件设计图纸上对机械性能的技术要求往往只标注硬度值，其原因就在于此。

④硬度测定后由于仅在金属表面局部体积内产生很小压痕并不损坏零件，因而适合于成品检验。

根据压头类型和几何尺寸等条件的不同，常用的压入法可分为布氏法、洛氏法和维氏法 3 种。

2.3 布氏硬度试验

1. 基本原理

布氏硬度试验是施加一定大小的载荷 P，将直径为 D 的钢球压入被测金属表面后保持一定时间，然后卸除载荷，根据钢球在金属表面上所压出的压痕直径查表即可得硬度值。

用钢球压头所测出的硬度值用 HBS 表示；用硬质合金球压头所测出的硬度值用 HBW 表示。目前布氏硬度计一般以钢球为压头，主要用于测定较软的金属材料的硬度。布氏硬度值的计算式如下

$$HBS = 0.102 \times \frac{2P}{\pi D(D - \sqrt{D^2 - d^2})}$$

式中：P——试验力，N；

$\quad D$——压头球体直径，mm；

$\quad d$——相互垂直方向测得的压痕直径 d_1、d_2 的平均值，mm。

布氏硬度的优点是测定结果较准确，缺点是压痕大。

由于材料有硬有软，所测工件有厚有薄，若只采用同一种载荷和钢球直径则对硬的金属适合时，对极软的金属就不适合，甚至会发生整个钢球陷入金属中的现像；若对厚的工件适合时，则对于薄件会出现压透的可能，所以在测定不同材料的布氏硬度值时就要求有不同的载荷 P 和钢球直径 D，以供选择使用。

2. 布氏硬度试验机及其基本操作和程序

图 1 是布氏硬度试验机的基本结构，其基本操作程序如下：

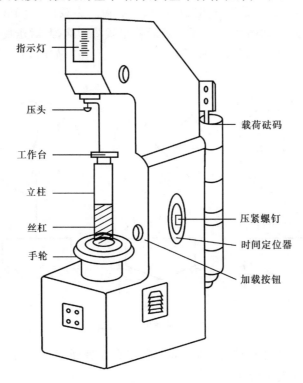

图 1　HB—3000 布氏硬度试验机示意图

①将试样放在工作台上，顺时针转动手轮，使压头压向试样表面直至手轮对下面螺旋产生相对运动（打滑）为止。此时试样已承受 98.07 N 初载荷。

②按动加载按钮，开始加主载荷，当红色指示灯闪亮时，迅速拧紧紧压螺钉，使圆盘转动，达到所要求的持续时间后，转动即自行停止。

③逆时针转动手轮降下工作台，取下试样用读数显微镜测出压痕直径 d，以此查表或计算即得 HBS 值。

2.4　洛氏硬度试验

1. 基本原理

洛氏硬度试验是采用金刚石圆锥体（锥角为 120°）或采用淬火钢球（直径为 1.588 mm）做压头，一般较硬的金属材料（如淬火后的工件）用金钢石做压头；较软的金属材料则用钢球做压头,如图 2 所示,压头压入金属表面时,分两次加载。先加 10 kg 的初载使压头与试样的表面接触良好,此时,压痕深度为 h_1(如图 2(a)所示),然后加 140 kg 的主载荷,这时总载荷(初载荷＋主载荷)为 150 kg,而压痕的深度增加到 h_2 位置(如图 2(b)所示),然后将主载荷卸除,此时压痕由于加载荷时所产生的弹性变形即行恢复,此时压痕深度 $h = h_2 - h_1$(如图 2(c)所示)作为测量硬度的依据。

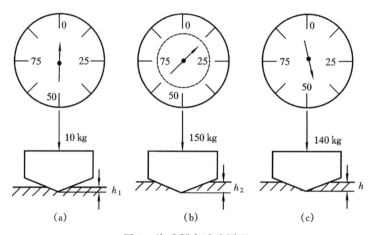

图 2　洛氏硬度试验原理

根据所用的压头和载荷的不同,洛氏硬度有几种硬度符号,常用的有 HRA、HRB、HRC 等,如表 1 所示。

表 1　常用洛氏硬度值的符号、试验条件和应用

硬度符号	压头	总载荷/kg	表盘上刻度颜色	常用硬度值范围	应用举例
HRA	金刚石圆锥	60	黑色	70~85	碳化物、硬质合金、表面淬火等
HRB	$\frac{1''}{16}$钢球	100	红色	25~100	软钢、退火钢、铜合金等
HRC	金刚石圆锥	150	黑色	20~67	淬火钢、调质钢等

如果直接以压痕深度大小作计量指标,则会出现硬金属的硬度值小,而软金属的硬度值反而大的现象,这和布氏硬度所标志的硬度大小的概念相反,也不符合人们的习惯,因此用一个选定的常数 K 来减去所得压痕深度值作为洛氏硬度的指标,即

$$HR = K - h$$

当以钢球为压头时,$K=0.26$;以金刚石锥体为压头时,$K=0.2$。此外,在读数上又规定以压入深度 0.002 mm 作为标尺刻度的一格,这样前者的 0.26 常数相当于 130 格,后者的 0.2 常数相当于 100 格,因此洛氏硬度值可由下式确定

$$HRB = 130 - \frac{h}{0.002}（红色表盘）$$

$$HRC = 100 - \frac{h}{0.002}（黑色表盘）$$

因此可知当压痕深度 $h=0.2$ mm 时$(0.2\ \text{mm}=\dfrac{0.2}{0.002}=100\ \text{格})HRB=30$, $HRC=0$,这也说明为什么 HRB 要取 0.26 作为常数的原因,因为 HRB 是测定较软的金属材料的,试验时有的压痕深度可能超过 0.2 mm 以上,若取 0.2 作为常数时,硬度将会得负值,为此常把常数取得大些。

洛氏硬度法克服了布氏硬度法的缺点,它的压痕小,可测量高硬度,可直接读数,操作方便,效率高。

洛氏硬度应用范围很广,可用于试验各种钢铁原材料、有色金属、经淬火后高硬度工件、表面热处理工件及硬质合金等。

2. 洛氏硬度计结构原理

洛氏硬度计类型较多,外形构造也各不相同,但构造原理及主要部件相同。如图 3 为洛氏硬度计构造示意图。利用杠杆传递压力,一方面将重锤压力加至受测

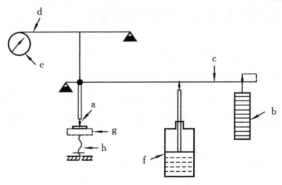

a—压头;　　　　　　e—表盘;

b—载荷法码;　　　　f—缓冲装置;

c—主杠杆;　　　　　g—载物台;

d—测量杠杆;　　　　h—升降丝杆。

图 3　洛氏硬度计构造原理图

试样的材料上;另一方面利用杠杆把受测试材料的压痕深度传递到读数百分表上,能直接读出硬度的数值。硬度计外形构造如图 4 所示。

图 4　HR-150A 型洛氏硬度计

3. 洛氏硬度计操作方法与洛氏试验程序

(1) 操作方法

图 5 为试验机的结构示意图,其操作方法如下:

① 调整主试验力的加载荷速度:手柄(16)置于卸荷位置,手把(13)转到 1 471 N的位置,将 40～50HRC 的标准硬度块放在工作台上,旋转手轮(27)使硬度块顶起主轴,加上初试验力,应在范围内,如不符,可转动油针(14)进行调整,反复进行,直到合适为止。

② 试验力的选择:转动手把(13)使所选用的试验力对准红点,但必须注意变换试验力时,手柄(16)必须置于卸荷状态(即后极限位置)。

③ 安装压头:安装压头时应注意消除压头与主轴(1)端面的间隙。消除方法是装上压头,并用螺钉(28)轻轻固定,然后将标准块或试件放置于工作台上,旋转手轮(27)加上初试验力,拉动手柄(15)使主试验力加于压头上,再将螺钉(28)拧紧,即可消除压头与主轴端面间的间隙。

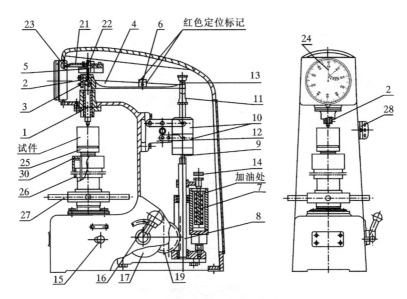

图 5　洛氏试验机结构示意图

(2)洛氏硬度试验程序

①将丝杠(26)顶面及被选用的工作台上下端面擦干净,将工作台置于丝杠(26)上。

②将试件支撑面擦干净,放置于工作台上,旋转手轮(27)使工作台缓慢上升,并顶起压头,到小指针指着红点,大指针旋转三圈垂直向上为止(允许相差±5 个刻度,若超过 5 个刻度,此点应作废,重新试验)。

③旋转指示器(24)外壳,使刻度盘上的 C、B 之间长刻线与大指针对正(顺时针或逆时针旋转均可)。

④拉动加载手柄(15),施加主试验力,这时指示器的大指针按逆时针方向转动。

⑤当指示器指针的转动显著停顿下来后,即可将卸荷手柄(16)推回,卸除主试验力。注意主试验力的施加与卸除,均需缓慢进行。

⑥从指示器上相应的标尺读数。采用金钢石压头试验时,按表盘外圈的黑字读取,采用钢球压头试验时,按表盘内圈的红字读取。

⑦转动手轮使试件下降,再移动试件,按以上②～⑥过程进行新的试验。

注意事项:丝杠保护套(30)是为了保护丝杠(26)不受灰尘侵袭而设置的。硬度计不使用时或试件高度小于 100 mm 时,将其套在丝杠外面。当试件高度大于 100 mm 时,必须将其拿掉,以免将工作台顶起,使试验无效。

2.5　其它硬度试验简介

1. 维氏硬度

维氏硬度测定的基本原理和布氏硬度相同,区别在于压头采用锥面夹角为136°的金刚石棱锥体,压痕是四方锥形(如图 6 所示)。

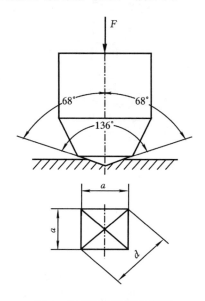

图 6　维氏硬度测量示意图

维氏硬度用 HV 表示,HV 的计算式为

$$HV = 0.102 \times 1.854\,4\,\frac{F}{d^2}$$

式中:F——载荷,N;

　　　d——压痕对角线长度,mm。

维氏硬度试验的优点:①它既不存在布氏那种负荷和压头直径 D 的规定条件的约束问题,也不存在洛氏那种硬度值无法统一的问题。②它和洛氏一样可以试验任何软硬的材料,并且比洛氏能更好地测试极薄件(或薄层)。③由于测定的是压痕宽度,相对误差比洛氏实验小,数据精确。唯一缺点是硬度值需通过测量对角线后才能计算(或查表)出来,效率较低,但现在已有带计算机图形数据处理的维氏硬度试验机,这点已不成问题。

2. 显微硬度

显微硬度是用来测量尺寸很小或很薄零件的硬度,或者是用来测量各种显微组织的硬度。显微硬度测量常用的压头为维氏压头,和宏观的维氏硬度压头一样,只是在金刚石四方锥的制造上和测量上要更加严格。

显微硬度测量所用的载荷很小,大致在 $100 \sim 500$ g 范围内。维氏显微硬度测量和计算方法和维氏硬度一样。

3. 莫氏硬度

莫氏硬度试验属于划痕硬度试验。莫斯(Mohs)将 10 种矿物作为标准矿物,按其硬度高低进行排列,将硬度分为 10 级。用较硬的标准矿物刻划较软的标准矿物时,在较软的标准矿物上可以看到明显的擦划条纹。在这些标准矿物中,滑石最软,金刚石最硬。由软到硬这 10 种标准矿物排列的次序是滑石、岩盐(或石膏)、方解石、莹石、磷灰石、长石、石英、黄玉、刚玉、金刚石。

用这种硬度试验方法,是这样来测定硬度的:从用最软的标准矿物开始,依次地在所测试样上擦划,找到第一个出现明显擦划条纹的标准矿物,则所得试样硬度在这个标准矿物和上一个较软的标准矿物硬度之间。很显然,用这种方法所测得的硬度,只是一种粗略的硬度比较。这种硬度试验方法目前仍广泛应用于建筑部门对施釉和不施釉的陶瓷顶砖的硬度测定中。

实验 *1*

金相显微镜的使用与金相样品的制备

1. 实验目的

(1)熟悉金相显微镜的基本原理及使用方法。

(2)初步学会金相样品制备的基本方法。

(3)了解样品制备过程中产生的缺陷及防止措施。

(4)初步认识金相显微镜下的组织特征。

2. 金相显微镜的构造与使用

以倒置金相显微镜为例进行说明。

(1)倒置金相显微镜光学系统的工作原理

图 1 为倒置金相显微镜光学系统图。

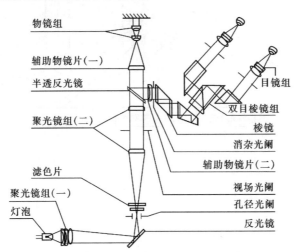

图 1　倒置金相显微镜光学系统图

由灯泡发出一束光线,经过聚光镜组(一)及反光镜,被会聚在孔径光栏上,然后经过聚光镜组(二),将光线会聚在物镜后焦面上。最后光线通过物镜,用平行光照明样品,使其表面得到充分均匀的照明。从物体表面反射出来的成像光线,复经物镜、辅助物镜片(一)、半透反光镜、辅助物镜片(二)、棱镜与双目棱镜组,形成一个物体的放大实像。目镜将此像再次放大,显微镜里观察到的就是通过物镜和目镜两次放大所得的图像。

(2)倒置金相显微镜结构

以 IE200M 型金相显微镜为例进行说明。

图 2 为 IE200M 型金相显微镜的结构。各部件的位置及功能如下:

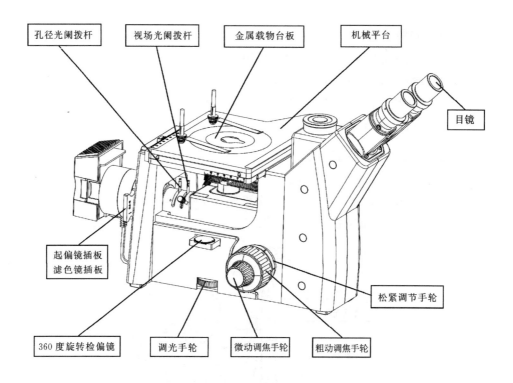

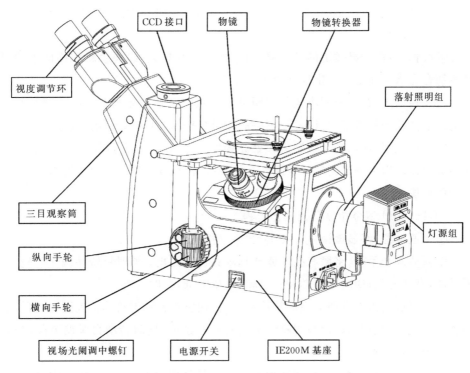

CCD 接口　物镜　物镜转换器

视度调节环

落射照明组

三目观察筒

灯源组

纵向手轮

横向手轮

视场光阑调中螺钉　电源开关　IE200M 基座

图 2　IE200M 型金相显微镜的结构

各部件的位置及功能如下：

①照明系统：落射式柯拉照明系统，带可变孔径光阑和中心可调视场光阑，采用 100～240 V 直流宽电压，单颗 3 W 的 LED 灯（6 V 30 W 卤素灯可选），光强连续可调。灯泡前有聚光镜，孔径光栏及反光镜等安装在底座上，视场光栏及另一聚光镜安装在支架上，通过一系列透镜作用及配合组成了照明系统。目的是样品表面能得到充分均匀的照明，使部分光线被反射而进入物镜成像，并经物镜及目镜的放大而形成最终观察的图像。

②调焦装置：在显微镜两侧有粗调焦和微调焦手轮。转动粗动调焦手轮，可使物镜及物镜转换器上下运动，其中一侧有制动装置。而微动手轮使物镜很缓慢地移动，右微动手轮上刻有分度，每小格值为 0.002 mm。在左粗动手轮左侧，装有松紧调节手轮。顺时针方向转动松紧调节手轮，使调焦机构放松，按相反方向转动松紧调节手轮，则使调焦机构锁紧。

③物镜转换器:位于载物台下方,可更换不同倍数的物镜,与目镜配合,可获得所需的放大倍数。

④载物台:位于显微镜的最上部,用于放置金相样品,纵向手轮和横向手轮可使载物台在水平面上作一定范围内的十字定向移动。

⑤孔径光阑:孔径光阑决定了照明系统的数值孔径。照明系统的数值孔径和物镜的数值孔径相匹配,可以提供更好的图像分辨率与反差,并能加大景深。

⑥视场光阑:视场光阑限制进入聚光镜的光束直径,从而排除外围的光线,增强图像反差。当视场光阑的成像刚好在视场外缘时,物镜能发挥最优性能,得到最清晰的成像。

(3)IE200M 型金相显微镜操作规程

①接通电源,将显微镜主开关拨到"—"(接通)状态。

②调节调光手轮,将照明亮度调节到观察舒适为止。顺时针转动调光手轮,电压升高,亮度增强;逆时针转动调光手轮,电压降低,亮度减弱。

③根据放大倍数选择适当的物镜和目镜,用物镜转换器将其转到固定位置,需调整两目镜的中心距,以使与观察者的瞳孔距相适应,同时转动目镜调节圈,使其示值与瞳孔距一致。

④把样品放在载物台上,使观察面向下。转动粗动调焦手轮,使载物台下降,在看到物体的像时,再转动微动调焦手轮,直到图像清晰。

⑤调节纵向手轮和横向手轮可使载物台在水平面上作一定范围内的十字定向移动,用于选择视域,但移动范围较小,要一边观察,一边转动。

⑥孔径光阑调节:孔径光阑大小的变化方向与视场光阑相同,通过调节孔径光阑拨杆来控制光阑的大小。实际使用时,可根据被观察样品成像反差的大小,来相应调节孔径光阑的大小,以观察舒适、衬度良好为准。

⑦视场光阑调节:把视场光阑拨杆逆时针推到最左面,即把视场光阑开到最小。通过目镜观察,此时能在视场内看到视场光阑的成像。调节左右两个视场光阑调中螺钉,将视场光阑的像调到视场中心。逐步打开视场光阑,如果视场光阑的图像和视场内切,表示视场光阑已正确对中了。实际使用时,稍加大视场光阑,使它的图像刚好与视场外切,此时物镜能发挥最优性能,得到最清晰的成像。

(4)MDJ—DM 型金相显微镜的介绍

MDJ—DM 型金相显微镜的结构如图 3 所示。

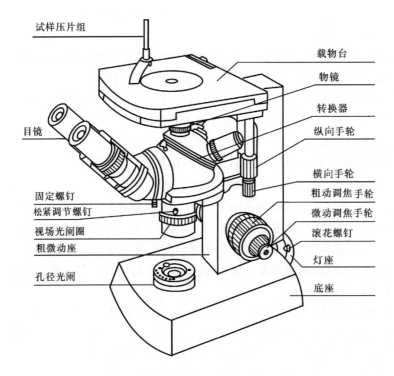

图 3　MDJ—DM 型金相显微镜的结构

MDJ—DM 型金相显微镜操作规程如下：

①转动电源旋钮开关，打开电源，调节旋转幅度，将照明亮度调节到观察舒适为止。

②根据放大倍数选择适当的物镜和目镜，用物镜转换器将其转到固定位置，需调整两目镜的中心距，以使与观察者的瞳孔距相适应，同时转动目镜调节圈，使其示值与瞳孔距一致。

③把样品放在载物台上，使观察面向下。转动粗动调焦手轮，使载物台下降，在看到物体的像时，再转动微动调焦手轮，直到图像清晰。

④调节纵向手轮和横向手轮可使载物台在水平面上作一定范围内的十字定向移动，用于选择视域，但移动范围较小，要一边观察，一边转动。

⑤转动孔径光阑至合适位置，得到亮而均匀的照明。

⑥转动视场光阑使图像与目镜视场大小相等，以获得最佳质量的图像。

（5）注意事项

①显微镜是精密仪器，操作时要小心，尽可能避免物理震动，严禁任何剧烈的动作。

②需要移动显微镜时，双手应分别提住显微镜的背部缺口处和托住观察筒的

较低侧,并小心轻放。如果在移动显微镜时,抓住显微镜的机械平台、调焦手轮等,将会对显微镜产生损害。

③在用显微镜进行观察前必须将手洗净擦干,并保持室内环境的清洁。

④显微镜的玻璃部分及样品观察面严禁手指直接接触。

⑤在转动粗调手轮时,动作一定要慢,若遇到阻碍时,应立即停止操作,报告指导教师,千万不能用力强行转动,否则仪器容易损坏。

⑥要观察用的金相样品必须完全干燥。

⑦选择视域时,要缓慢转动手轮,边观察边进行,勿超范围。

(5)XJB-1型、4X型、MG型显微镜的介绍

①XJB-1型、4X型显微镜。XJB-1型、4X型显微镜与MDJ-DM型显微镜的主体结构基本相同,使用方法略有差别。XJB-1型、4X型显微镜目镜镜筒是单筒。载物台采用粘性油膜与托盘联结,载物台与托盘之间有四方导架,样品被观察面与载物台表面重合,所以样品的移动是靠载物台与托盘之间的滑动完成。粗动调焦手轮上未装限位手柄。

②MG型显微镜。它的光源、光阑等部分装在与显微镜主体垂直的部分,称垂直照明器,变压器在显微镜体内,插头可直接插在220 V的电源上,但面板上的旋转钮的转动一定要当心,千万不要转到红线以右,以免损坏仪器。除此以外,粗动调焦手轮上也未装限位手柄。其它操作方法与MDJ-DM型相同。

3. 金相样品制备的基本方法

金相样品的制备过程一般包括取样、镶嵌、粗磨、细磨、抛光和腐蚀步骤。虽然随着科学技术的不断发展,样品制备的设备越来越先进,自动化的程度越来越高,有预磨机、自动抛光机等,但目前在我国手工制备金相样品的方法具有许多优点,仍在广泛使用。

(1)金相样品制备的要点

①取样时,按检验目的确定其截取部位和检验面,尺寸要适合手拿磨制,若无法做到,可进行镶嵌。并要严防过热与变形,引起组织改变。

②对尺寸太小,或形状不规则和要检验边缘的样品,可进行镶嵌或机械夹持。根据材料的特点选择热镶嵌、冷镶嵌或机械夹持。

③粗磨时,主要要磨平检验面,去掉切割时的变形及过热部分。同时,要防止产生过热,并注意安全。

④细磨时,要用力大小合适均匀,且使样品整个磨面全部与砂纸接触,单方向磨制距离要尽量地长,更换砂纸时,不要将砂粒带入下道工序。

⑤抛光时,要将手与整个样品清洗干净,在抛光盘边缘和中心之间进行抛光。

用力要均匀适中,少量多次地加入抛光液,并要注意安全。

⑥腐蚀前,样品抛光面要干净干燥,腐蚀操作过程衔接要迅速。

⑦腐蚀后,要将整个样品与手完全冲洗干净,并充分干燥后,才能在显微镜下进行观察与分析工作。

(2)金相样品制备方法

金相样品制备方法见表1。

表 1　金相样品的制备方法

序号	步骤	方法	注意事项
1	取样	在要检测的材料或零件上截取样品,取样部位和磨面根据分析要求而定,截取方法视材料硬度选择,有车、刨、砂轮切割机,线切割机及锤击法等,尺寸以适宜手握为宜	无论用哪种方法取样,都要尽量避免和减少因塑性变形及受热所引起的组织变化现象。截取时可加水等冷却
2	镶嵌	若由于零件尺寸及形状的限制,使取样后的尺寸太小、不规则,或需要检验边缘的样品,应将分析面整平后进行镶嵌。有热镶嵌和冷镶嵌及机械夹持法。应根据材料的性能选择	热镶嵌要在专用设备上进行,只适应于加热对组织不影响的材料。若有影响,要选择冷镶嵌或机械夹持
3	粗磨	用砂轮机或挫刀等磨平检验面,若不需要观察边缘时可将边缘倒角。粗磨的同时去掉了切割时产生的变形层	若有渗层等表面处理时,不要倒角,且要磨掉约1.5 mm,如渗碳
4	细磨	按金相砂纸号顺序:120、280、01、03、05或120、280、02、04、06将砂纸平铺在玻璃板上,一手拿样品,一手按住砂纸磨制。更换砂纸时,磨痕方向应与上道磨痕方向垂直,磨到前道磨痕消失为止,砂纸磨制完毕,将手和样品冲洗干净	每道砂纸磨制时,用力要均匀,一定要磨平检验面,转动样品表面,观察表面的反光变化确定。更换砂纸时,勿将砂粒带入下道工序
5	粗抛光	用绿粉(Cr_2O_3)水溶液作为抛光液在帆布上进行抛光,将抛光液少量多次地加入到抛光盘上进行抛光	初次制样时,适宜在抛光盘约半径一半处抛光,感到阻力大时,就该加抛光液了。**注意安全,以免样品飞出伤人**
6	细抛光	用红粉(Fe_2O_3)水溶液作为抛光液在绒布上抛光,将抛光液少量多次地加入到抛光盘上进行抛光	同上

续表1

序号	步骤	方法	注意事项
7	腐蚀	抛光好的金相样品表面光亮无痕,若表面干净干燥,可直接腐蚀,若有水分可用酒精冲洗吹干后腐蚀。将抛光面浸入选定的腐蚀剂中(钢铁材料最常用的腐蚀剂是3%～5%的硝酸酒精),或将腐蚀剂滴上抛光面,当颜色变成浅灰色时,再过2～3 s,用水冲洗,再用酒精冲洗,并充分干燥	这步动作之间的衔接一定要迅速,以防氧化污染,腐蚀完毕,必须将手与样品彻底吹干,一定要完全充分干燥,方可在显微镜下观察分析。否则易损坏显微镜镜头

(3)金属材料常用腐蚀剂及腐蚀方法

①金属材料常用腐蚀剂。金属材料常用腐蚀剂见表2,其它材料的腐蚀剂可查阅有关手册。

表2　金属材料常用腐蚀剂

序号	腐蚀剂名称	成分/ml(g)	腐蚀条件	适应范围
1	硝酸酒精溶液	硝酸 1～5 酒精 100	室温腐蚀数秒	碳钢及低合金钢,能清晰地显示铁素体晶界
2	苦味酸酒精溶液	苦味酸 4 酒精 100	室温腐蚀数秒	碳钢及低合金钢,能清晰地显示珠光体和碳化物
3	苦味酸钠溶液	苦味酸 2～5 苛性钠 20～25 蒸馏水 100	加热到60 ℃,腐蚀5～30 min	渗碳体呈暗黑色,铁素体不着色
4	混合酸酒精溶液	盐酸 10 硝酸 3 酒精 100	腐蚀2～10 min	高速钢淬火及淬火回火后晶粒大小
5	王水溶液	盐酸 3 硝酸 1	腐蚀数秒	各类高合金钢及不锈钢组织
6	氯化铁、盐酸水溶液	三氯化铁 5 盐酸 10 水 100	腐蚀1～2 min	黄铜及青铜的组织显示
7	氢氟酸水溶液	氢氟酸 0.5 水 100	腐蚀数秒	铝及铝合金的组织显示

②样品腐蚀(浸蚀)的方法。金相样品腐蚀的方法有多种,最常用的是化学腐蚀法。化学腐蚀法是利用腐蚀剂对样品的化学溶解和电化学腐蚀作用将组织显示出来。其腐蚀方式取决于组织中组成相的数量和性质。

a. 纯金属或单相均匀的固溶体的化学腐蚀方式。

其腐蚀主要为纯化学溶解的过程,如图 4 所示。例如工业纯铁退火后的组织为铁素体和极少量的三次渗碳体,可近似看作是单相的铁素体固溶体。由于铁素体晶界上的原子排列紊乱,并有较高的能量,因此晶界处容易被腐蚀而显现凹沟,同时由于每个晶粒中原子排列的位向不同,所以各自溶解的速度各不一样,使腐蚀后的深浅程度也有差别,在显微镜明场下,即垂直光线的照射下将显示出亮暗不同的晶粒。

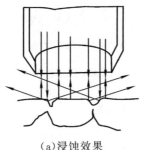

(a)浸蚀效果

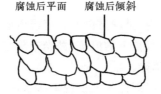

(b)铁素体之晶界组织观察

图 4　单相均匀固熔体浸蚀示意图

b. 两相或两相以上合金的化学腐蚀方式。

对两相或两相以上的合金组织,腐蚀主要为电化学腐蚀过程,例如共析碳钢退火后层状珠光体组织的腐蚀过程。层状珠光体是铁素体与渗碳体相间隔的层状组织,在腐蚀过程中,因铁素体具有较高的负电位而被溶解,渗碳体具有较高的正电位而被保护。在两相交界处铁素体一侧因被严重腐蚀而形成凹沟,因而在显微镜下可以看到渗碳体周围有一圈黑色,显示出两相的存在,如图 5 所示。

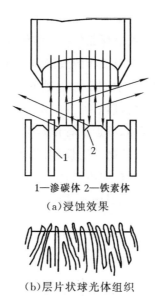

1—渗碳体 2—铁素体

(a)浸蚀效果

(b)层片状球光体组织

图 5　两相组织浸蚀示意图

(4)金相样品制备过程常见的缺陷

在观察金相样品的显微组织时,常可看见如下的缺陷组织,可能引起错误的结论,应学会分析和判断。这些缺陷的产生,是由于金相样品制备的操作技术不当所致,而非材料的真实显微组织。

①划痕:在显微镜视野内,呈现黑白的直道或弯曲道痕,穿过一个或若干晶粒。粗大的、直的道痕是磨制过程留下的痕迹,抛光未除去。而弯曲道痕是抛光过程中产生的,只要用力轻,均可消除。

②水迹与污染:在显微组织图像上出现串状水珠或局部彩色区域,是酒精未将水彻底冲洗干净所致。

③变形扰乱层:显微组织图像上出现不真实的模糊现象,是磨抛过程用力过大引起。

④麻坑:显微组织图像上出现许多黑点状特征,是抛光液太浓太多所致。

⑤腐蚀过深:显微组织图像失去部分真实的组织细节。

⑥拖尾:显微组织图像上出现方向性拉长现象,是样品沿某一方向抛光所致。

4. 实验设备

多媒体设备一套、金相显微镜数台、抛光机、吹风机、样品、不同号数的砂纸、玻璃板、抛光粉悬浮液、4%的硝酸酒精溶液、酒精、棉花等。

5. 实验内容

(1)阅读实验指导书上的有关部分,认真听取教师对实验内容等的介绍。

(2)观看金相样品制备及显微镜使用的方法视频。

(3)每位同学领取一块样品,一套金相砂纸,一块玻璃板。按上述金相样品的制备方法进行操作。操作中必须注意每一步骤中的要点及注意事项。

(4)将制好的样品放在显微镜上观察,注意显微镜的正确使用,并分析样品制备的质量好坏,初步认识显微镜下的组织特征。

6. 实验报告要求

(1)简述金相显微镜的基本原理和主要结构。

(2)叙述金相显微镜的使用方法要点及其注意事项。

(3)简述金相样品的制备步骤。

(4)结合实验原始记录,分析自己在实际制样中出现的问题,并提出改进措施。

(5)对本次实验的意见和建议。

7. 实验视频链接

http://metc.xjtu.edu.cn/jpkc/xlsymk.htm

金相显微镜的使用与金相样品的制备
实验原始记录

学生姓名	班级	实验日期
显微镜型号	物镜放大倍数	目镜放大倍数
样品材料	腐蚀剂	自制样品组织描述
制样过程简记		异常现象纪录

指导教师签名：＿＿＿＿＿＿＿＿

实验 *2*

碳钢和铸铁的平衡组织与非平衡组织的观察与分析

1. 实验目的

（1）观察和分析碳钢和白口铸铁在平衡状态下的显微组织。

（2）分析含碳量对铁碳合金的平衡组织的影响，加深理解成分、组织和性能之间的相互关系。

（3）熟悉灰口铸铁中的石墨形态和基体组织的特征，了解浇铸及处理条件对铸铁组织和性能的影响，并分析石墨形态对铸铁性能的影响。

（4）识别淬火组织特征，掌握平衡组织和非平衡组织的形成条件和性能特点。

2. 实验概述

铁碳合金的显微组织是研究钢铁材料的基础。所谓铁碳合金平衡状态的组织是指在极为缓慢的冷却条件下，如退火状态所得到的组织，其相变过程按 $Fe-Fe_3C$ 相图进行。铁碳合金室温平衡组织均由铁素体 F 和渗碳体 Fe_3C 两个相按不同数量、大小、形态和分布所组成。用金相显微镜分析铁碳合金的组织，需了解相图中各个相的本质及其形成过程，明确相图中各线的意义、三条水平线上的反应产物的本质及形态，并能作出不同合金的冷却曲线，从而得知其凝固过程中组织的变化及最后的室温组织，可以初步体会材料科学研究中的成分和组织之间的关系精髓。

在铁碳合金中，碳除了少数固溶于铁素体和奥氏体外，其余的均以渗碳体 Fe_3C 形式存在，即按 $Fe-Fe_3C(G)$ 相图进行结晶。除此之外，碳还可以以另一种形式存在，即游离状态的石墨，用 G 表示，所以，铁碳合金的结晶过程存在两个相图，即上述的 $Fe-Fe_3C$ 相图和 $Fe-G$ 相图。这两个相图常画在一起，就称为铁碳双重相图。

在实际生产中,由于化学成分、冷却速度等的不同,常得到3种不同的铸铁,即灰口铸铁、白口铸铁和麻口铸铁。

灰口铸铁是第一阶段和第二阶段石墨化过程充分进行而得到的铸铁,其中碳全部或大部分以石墨形式存在,断口为灰暗色而得名,在工业生产中应用广泛。

白口铸铁是第一阶段和第二阶段石墨全部被抑制,完全按照 Fe-Fe₃C 相图进行结晶而得到的铸铁,其中碳几乎全部以 Fe₃C 形式存在,断口呈白色而得名。这类铸铁组织中因存在大量莱氏体,既硬又脆,不易加工,在工业上很少应用。

麻口铸铁是第一阶段石墨化过程部分进行而得到的铸铁,其中碳一部分以 Fe₃C 形式存在,另一部分以石墨形式存在,组织介于灰口铸铁和白口铸铁之间,因断口上黑白相间成麻点而得名。因组织中含有不同程度的莱氏体,性硬而脆,在工业上也很少应用。

铁碳合金经过缓慢冷却后,所获得的显微组织,基本上与铁碳相图上的各种平衡组织相同,但碳钢的不平衡状态,即在快速冷却时的显微组织应由过冷奥氏体等温转变曲线图,即 C 曲线来确定。

(1)碳钢和铸铁的平衡组织

根据 Fe-Fe₃C 相图中含碳量和室温显微组织的不同,铁碳合金可分为工业纯铁、钢和白口铸铁三类。按组织标注的 Fe-Fe₃C 相图如图1所示。

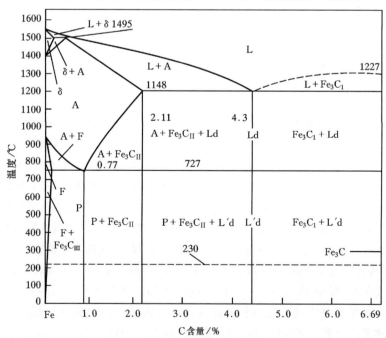

图1　Fe-Fe₃C 相图

①工业纯铁。工业纯铁是含碳量小于 0.0218% 的铁碳合金,室温显微组织为铁素体和少量三次渗碳体。铁素体硬度在 80HB 左右,而渗碳体硬度高达 800HB。工业纯铁中的渗碳体量很少,故塑性、韧性好,而硬度、强度低,不能用作受力零件。

②碳钢。碳钢是含碳量为 0.0218%～2.11% 的铁碳合金,高温下为单相的奥氏体组织,塑性好,适用于锻造和轧制,广泛应用于工业中。根据含碳量和室温组织,可将其分为 3 类:亚共析钢、共析钢和过共析钢。

亚共析钢是含碳量为 0.0218%～0.77% 的铁碳合金,室温组织为铁素体和珠光体。随着含碳量的增加,铁素体的数量逐渐减少,而珠光体的数量则相应地增加。显微组织中铁素体呈白色,珠光体呈暗黑色或层片状。

共析钢是含碳量为 0.77% 的铁碳合金,其显微组织由单一的珠光体组成,即铁素体和渗碳体的混合物。在光学显微镜下观察时,可看到层片状的特征,即渗碳体呈细黑线状和少量白色细条状分布在铁素体基体上,若放大倍数低,珠光体组织细密或腐蚀过深时,珠光体片层难于分辨,而呈现暗黑色区域。

过共析钢是含碳量为 0.77%～2.11% 的铁碳合金,室温组织为珠光体和网状二次渗碳体。含碳量越高,渗碳体网愈多、愈完整。当含碳量小于 1.2% 时,二次渗碳体呈不连续网状,强度、硬度增加,塑性、韧性降低;当含碳量大于或等于1.2%时,二次渗碳体呈连续网状,使强度、塑性、韧性显著降低。过共析钢含碳量一般不超过 1.3%～1.4%,二次渗碳体网用硝酸酒精溶液腐蚀呈白色,若用苦味酸钠溶液热腐蚀后,呈暗黑色。

③白口铸铁。白口铸铁含碳量为 2.11%～6.69%,室温下碳几乎全部以渗碳体形式存在,故硬度高,但脆性大,工业上应用很少。白口铸铁按含碳量和室温组织分为 3 类:亚共晶白口铸铁,共晶白口铸铁和过共晶白口铸铁。

a. 亚共晶白口铸铁是含碳量为 2.11%～4.3% 的铁碳合金,室温组织为珠光体、二次渗碳体和变态莱氏体 L'd 组成。用硝酸酒精溶液腐蚀后,在显微镜下呈现枝晶状的珠光体和斑点状的莱氏体,其中二次渗碳体与共晶渗碳体混在一起,不易分辨。

b. 共晶白口铸铁是含碳量为 4.3% 的铁碳合金,室温组织由单一的变态莱氏体组成。经腐蚀后在显微镜下,变态莱氏体呈豹皮状,由珠光体、二次渗碳体及共晶渗碳体组成,珠光体呈暗黑色的细条状及斑点状,二次渗碳体常与共晶渗碳体连成一片,不易分辨,呈亮白色。

c. 过共晶白口铸铁是含碳量大于 4.3% 的铁碳合金。在室温下的组织由一次渗碳体和莱氏体组成。经硝酸酒精溶液腐蚀后,显示出斑点状的莱氏体基体上分布着亮白色粗大的片状的一次渗碳体。

④灰口铸铁。铁碳双重相图如图2所示。由铁碳双重相图可知,铸铁凝固时碳可以以两种形式存在,即以渗碳体 Fe_3C 和石墨 G 的形式存在。碳大部分是以渗碳体 Fe_3C 形式存在的,因其断口呈白色而称白口铸铁。如前所述,白口铸铁硬而脆,很少用做零件;灰口铸铁中碳大部分以石墨形式存在的,因其断口呈灰色称灰口铸铁。

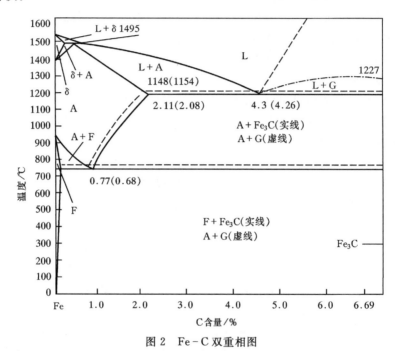

图 2　Fe-C 双重相图

工业生产中常采用调整铸铁成分,加入石墨化形成元素如 C、Si、P、Al、Cu 及球化剂,或进行石墨化退火等措施,生产各种灰口铸铁零件。虽然灰口铸铁的强度、塑性和韧性比钢差,但具有优于钢的减震性、耐磨性、铸造性和可切削性,且生产工艺和熔化设备简单,因而在工业上得到普遍应用。

灰口铸铁的显微组织可简单地看成是钢基体和石墨夹杂物共同构成。按石墨形态可将灰口铸铁分为灰铸铁、球墨铸铁、蠕墨铸铁和可锻铸铁4种。按基体的不同又可分为3类,即铁素体、珠光体和铁素体+珠光体基体的灰口铸铁。灰口铸铁具有优良的铸造性能、切削加工性能、耐磨性和减磨性,在工业上得到广泛的应用。

(2)碳钢和铸铁的热处理组织

由碳钢的过冷奥氏体转变曲线知,在不同的冷却条件下,过冷奥氏体将发生不同类型的转变,转变产物的组织形态各不相同。共析碳钢的 C 曲线如图3所示。

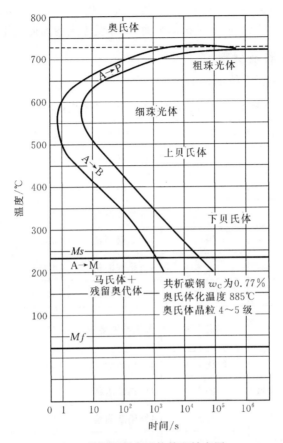

图 3 　共析钢的奥氏体等温转变图

①退火组织。碳钢经退火后获得前述的平衡组织,共析钢和过共析钢经球化退火后,获得由铁素体和球状渗碳体组成的球状珠光体组织。

②正火组织。碳钢经正火后的组织比退火组织更细小。相同成分的亚共析钢,正火后珠光体含量比退火后的多。

③淬火组织。经淬火或等温淬火后获得不平衡组织。碳钢淬火后的组织为马氏体和残余奥氏体。淬火马氏体是碳在 α - Fe 中的过饱和固溶体,其形态取决于马氏体中的含碳量,低碳马氏体呈板条状,强而韧,高碳马氏体呈针叶状,硬而脆,而中碳钢淬火后得到板条马氏体和针叶状马氏体的混合组织。

④等温淬火组织。碳钢等温淬火后获得贝氏体组织。在贝氏体转变温度范围内,等温温度较高时,获得上贝氏体,呈羽毛状,它是由过饱和的铁素体片和分布片间的断续细小的碳化物组成的混合物,塑性、韧性较差,应用较少;而等温温度较低

时,获得下贝氏体,呈黑色的针叶状,它是由过饱和的铁素体和其上分布的细小的渗碳体粒子组成的混合物,下贝氏体强而韧,等温淬火的温度视钢的成分而定。

3. 实验仪器及材料

①拟观察的金相样品见表 1。

表 1 碳钢和铸铁的平衡组织与非平衡组织样品

序号	材料名称	处理状态	腐蚀剂	放大倍数	显微组织
1	工业纯铁	退火	4%硝酸酒精	400×	$F+Fe_3C_{III}$
2	20 钢	退火	4%硝酸酒精	400×	$F+P$
3	40 钢	退火	4%硝酸酒精	400×	$F+P$
4	60 钢	退火	4%硝酸酒精	400×	$F+P$
5	T8	退火	4%硝酸酒精	400×	P
6	T12	退火	4%硝酸酒精	400×	$P+Fe_3C_{II}$
7	T12	退火	苦味酸钠溶液	400×	$P+Fe_3C_{II}$ (Fe_3C 呈黑色)
8	T12	球化退火	4%硝酸酒精	400×	$P_球(F+Fe_3C_球)$
9	亚共晶白口铸铁	铸态	4%硝酸酒精	400×	$P+Fe_3C_{II}+L'd$
10	共晶白口铸铁	铸态	4%硝酸酒精	400×	$L'd$
11	过共晶白口铸铁	铸态	4%硝酸酒精	400×	$Fe_3C_I+L'd$
12	灰铸铁	铸态	4%硝酸酒精	400×	$F+P+G_片$
13	球墨铸铁	铸态	4%硝酸酒精	400×	$F+P+G_球$
14	可锻铸铁	石墨化退火	4%硝酸酒精	400×	$F+G_团$
15	15 钢	淬火	4%硝酸酒精	400×	$M_板+A'$
16	球墨铸铁	淬火	4%硝酸酒精	400×	$M_片+A'+G$
17	40Cr	460 ℃等温淬火	4%硝酸酒精	400×	$B_上+M+A'$
18	T8	280 ℃等温淬火	4%硝酸酒精	400×	$B_下+M+A'$

②几种基本组织的概念与特征见表 2。

表 2　几种基本组织的概念及金相显微镜下的特征

组织名称	基本概念	腐蚀剂	显微镜下的特征
铁素体	碳在 α–Fe 中的固溶体	4%硝酸酒精	亮白色及浅色的多边形晶粒
渗碳体	铁与碳形成的一种化合物	4%硝酸酒精	呈亮白色或细黑线状,有多种形态,如条状、网状和球状
珠光体	铁素体和渗碳体的机械混合物	4%硝酸酒精	呈球状分布或层片状分布
片状珠光体	铁素体和渗碳体交替排列形成的层片状	4%硝酸酒精	随放大倍数不同而呈白色宽条铁素体和细条渗碳体,或细黑线状或暗黑色
球状珠光体	球状的渗碳体分布在铁素体的基体上	4%硝酸酒精	白色渗碳体颗粒分布在亮白色的铁素体基体上,边界呈暗黑色
莱氏体(L′d)	珠光体、二次渗碳体、共晶渗碳体组成的机械混合物	4%硝酸酒精	亮白色渗碳体基体上分布着暗黑色斑点状及细条状的珠光体
马氏体(M)	碳在 α–Fe 中的过饱和固溶体	4%硝酸酒精	主要呈针状或板条状
板条马氏体	含碳量低的奥氏体形成的马氏体	4%硝酸酒精	黑色或浅色不同位向的一束束平行的细长条状
片状马氏体	含碳量高的奥氏体形成的马氏体	4%硝酸酒精	浅色针状或竹叶状
残余奥氏体(A′)	淬火未能转变成马氏体而保留到室温的奥氏体	4%硝酸酒精	分布在马氏体之间的白亮色
贝氏体(B)	铁素体和渗碳体的两相混合物	4%硝酸酒精	黑色羽毛状及针叶状
上贝氏体	平行排列的条状铁素体和条间断续分布的渗碳体组成	4%硝酸酒精	黑色成束的铁素体条,即羽毛状特征
下贝氏体	过饱和的针状铁素体内沉淀有碳化物	4%硝酸酒精	黑色的针叶状

③IE200M 型、MDJ－DM 型金相显微镜数台。

④多媒体设备一套。

⑤金相组织照片两套。

4. 实验内容

①实验前应复习教材中有关部分,认真阅读本实验指导书。

②熟悉金相样品的制备方法与显微镜的原理和使用。

③认真聆听指导教师对实验内容、注意事项等的讲解。

④用光学显微镜观察和分析表 1 中各金相样品的显微组织。

⑤分析不同含碳量的铁碳合金的凝固过程、室温组织及形貌特点。

5. 实验报告要求

(1)画组织示意图

①画出下列试样的组织示意图。

a. 工业纯铁;

b. 亚共析纲 20 钢、40 钢、60 钢中任选一个;

c. 过共析钢 T12 退火、球化退火中任选一个;

d. 白口铸铁:亚共晶、共晶、过共晶白口铸铁中任选一个;

e. 灰口铸铁:灰铸铁、球墨铸铁、可锻铸铁中任选一个;

f. 淬火马氏体:低碳板条马氏体和高碳片状马氏体任选一个;

g. 贝氏体:40Cr 上贝氏体、T8 下贝氏体任选一个。

②画图方法要求如下:

a. 应画在原始记录表中的 30～50 mm 直径的圆内,注明:材料名称、热处理状态、腐蚀剂和放大倍数,并将组织组成物用细线引出标明,如图 4 所示。

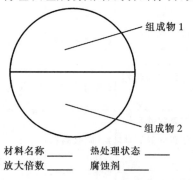

图 4　原始记录表中组织示意图的画法

b. 在实验原始记录表上按要求画出,并和正式报告一起上交。

(2)回答以下问题

①分析所画组织的形成原因,并近似确定一种亚共析钢的含碳量。

②根据实验结果,结合所学知识,分析碳钢和铸铁成分、组织和性能之间的关系。

③分析碳钢(任选一种成分)或白口铸铁(任选一种成分)凝固过程。

④总结碳钢、铸铁和淬火组织中各种组织组成物的本质和形态特征。

注:以上问题可按具体情况选做。

(3)对本次实验的感想与建议

6. 实验视频链接

http://metc.xjtu.edu.cn/jpkc/xlsymk.htm

碳钢和铸铁的平衡组织与非平衡组织的观察与分析
实验原始记录

学生姓名：_____　班级：_____　实验日期：_____年___月___日

材料 名称		材料 名称	
组织示意图	○	组织示意图	○
金相 组织	热处理 状态	金相 组织	热处理 状态
放大 倍数	腐蚀剂	放大 倍数	腐蚀剂

材料 名称		材料 名称	
组织示意图	○	组织示意图	○
金相 组织	热处理 状态	金相 组织	热处理 状态
放大 倍数	腐蚀剂	放大 倍数	腐蚀剂

材料名称		材料名称	
组织示意图		组织示意图	
金相组织		热处理状态	
放大倍数		腐蚀剂	

材料名称		材料名称	
组织示意图		组织示意图	
金相组织		热处理状态	
放大倍数		腐蚀剂	

指导教师签名：＿＿＿＿＿＿＿＿

实验 3

碳钢热处理及组织与性能测试分析综合实验

1. 实验目的

(1)了解碳钢热处理工艺操作。

(2)学会使用洛氏硬度计测量材料的硬度性能值。

(3)利用数码显微镜获取金相组织图像,掌握热处理后钢的金相组织分析。

(4)探讨淬火温度、淬火冷却速度、回火温度对 45 钢和 T12 钢的组织和性能(硬度)的影响。

(5)巩固课堂教学所学相关知识,体会材料的成分—工艺—组织—性能之间关系。

2. 实验内容

(1)进行 45 钢和 T12 钢试样退火、正火、淬火、回火热处理,工艺规范见表 1。

(2)用洛氏硬度计测定试样热处理试验前后的硬度。

(3)制备表 1 所列样品的金相试样,观察并获取其显微组织图像。

(4)对照金相图谱,分析探讨本次试验可能得到的典型组织:片状珠光体、针状马氏体、板条状马氏体、回火马氏体、回火托氏体、回火索氏体等的金相特征。

3. 实验概述

(1)热处理工艺参数的确定

$Fe-Fe_3C$ 状态图和 C 曲线是制定碳钢热处理工艺的重要依据。热处理工艺参数主要包括加热温度、保温时间和冷却速度。

①加热温度的确定。淬火加热温度取决于钢的临界点。

亚共析钢,适宜的淬火温度为 Ac_3 以上 $30\sim50\ ℃$,淬火后的组织为均匀而细小的马氏体。如果加热温度不足（小于 Ac_3），淬火组织中仍保留一部分原始组织的铁素体，会造成淬火硬度不足。

过共析钢，适宜的淬火温度为 Ac_1 以上 $30 \sim 50$ ℃，淬火后的组织为马氏体和二次渗碳体（分布在马氏体基体内成颗粒状）。二次渗碳体的颗粒存在，会明显提高钢的耐磨性。而且加热温度较 Acm 低，这样可以保证马氏体针叶较细，从而降低脆性。

两种材料的回火温度均在 Ac_1 以下，其具体温度根据最终要求的性能（通常根据硬度要求）而定。

②加热温度与保温时间的确定。加热、保温的目的是为了使零件内外达到所要求的加热温度，完成应有的组织转变。加热、保温时间主要决定于零件的尺寸、形状、钢的成分、原始组织状态、加热介质、零件的装炉方式和装炉量以及加热温度等。本试验用圆柱形短试样，在马福电炉中加热，加热温度在 $800 \sim 900$ ℃，按直径每毫米保温一分钟计算。

回火加热保温时间，应与回火温度结合起来考虑。一般来说，低温回火时，由于所得组织并不是稳定的，内应力消除也不充分，为了使组织和内应力稳定，从而使零件在使用过程中性能与尺寸稳定，所以回火时间要长一些，不少于 $1.5 \sim 2$ h。高温回火时间不宜过长，一般在 $0.5 \sim 1$ h。本试验淬火后的试样分别在不同温度回火（见表 1），保温时间均在 1 h 内。

③冷却介质与方法。冷却介质是影响钢最终获得组织与性能的重要工艺因素，同一种碳钢，在不同冷却介质中冷却时，由于冷却速度不同，奥氏体在不同温度下发生转变，会得到不同的转变产物。淬火介质主要根据所要求的组织和性能来确定。常用的介质有水、盐水、油、空气等。

对碳钢而言，工件退火常采用随炉缓慢冷却，正火是在空气中冷却，淬火是在水、盐水或油中冷却，回火是工件在炉中保温足够时间后取出在空气中冷却。

(2)基本组织的金相特征

碳钢经退火后可得到(近)平衡组织，淬火后则得到各种不平衡组织，实验 2 中已介绍。普通热处理除退火、淬火外还有正火和回火。这样，在研究钢热处理后的组织时，还要熟悉以下基本组织的金相特征（相应图谱见附录 2）。

①索氏体是铁素体与片状渗碳体的机械混合物。片层分布比珠光体细密，在高倍（$700 \times$ 左右）显微镜下才能分辨出片层状。

②托氏体也是铁素体与片状渗碳体的机械混合物。片层分布比索氏体更细密，在一般光学显微镜下无法分辨，只能看到黑色组织如墨菊状。当其少量析出时，沿晶界分布呈黑色网状包围马氏体；当析出量较多时，则成大块黑色晶粒状。只有在电子显微镜下才能分辨其中的片层状。层片愈细，则塑性变形的抗力愈大，

强度及硬度愈高,另一方面,塑性及韧性则有所下降。

③回火马氏体:片状马氏体经低温回火(150～250 ℃)后,得到回火马氏体。它仍具有针状特征,由于有极小的碳化物析出使回火马氏体极易受到浸蚀,所以在光学显微镜下,颜色比淬火马氏体深。

④回火托氏体:淬火钢在中温回火(350～500 ℃)后,得到回火托氏体组织。其金相特征:原来条状或片状马氏体的形态仍基本保持,第二相析出在其上。回火托氏体中的渗碳体颗粒很细小,以至在光学显微镜下难以分辨,用电镜观察时发现渗碳体已明显长大。

⑤回火索氏体:淬火钢在高温(500～650 ℃)回火后得到回火索氏体组织。它的金相特征是铁素体基体上分布着颗粒状渗碳体。碳钢调质后回火索氏体中的铁素体已成等轴状,一般已没有针状形态。

必须指出,回火托氏体、回火索氏体是淬火马氏体回火时的产物,它的渗碳体是颗粒状的,且均匀地分布在 α 相基体上;而托氏体、索氏体是奥氏体过冷时直接转变形成,它的渗碳体是呈片层状。回火组织较淬火组织在相同硬度下具有较高的塑性及韧性。

(3)金相组织的数码图像

IE200M 金相显微镜数字图像采集系统是在 IE200M 光学显微镜基础上,添加光学适配镜,通过 CCD 图像采集和数字化处理,提供计算机数码图像。整个系统构成如下(见图 1):

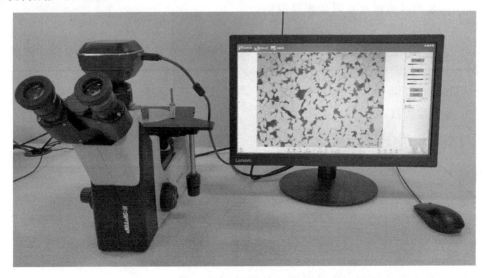

图 1　IE200M 金相显微镜数字图像采集系统

IE200M 光学显微镜→光学适配镜→CCD 图像采集→图像数字化处理→USB 口传输→计算机处理→显示器→打印输出。

高像素数字图像采集系统影像总像素达 500 万像素,有效面积达 90 mm×70 mm 并与显微镜同倍,借助于计算机中强大功能的 Photoshop 软件以及高分辨率专用 Photo 打印机,影像真实、精细,可提供高品质的金相显微组织照片。数字图像采集系统的操作规程详见附录 1。

4. 实验方法

本综合实验为指导性综合试验,以下介绍其实验材料、设备、实验步骤。对于完全开放型的综合实验,不受以下内容限制,在材料选取、设备准备、实验内容设计等方面,可由学生结合所学知识,围绕材料的成分—工艺—组织—性能关系研究分析,参考本指导书的内容自行安排,取得实验指导教师准许后,个人或小组独立完成。

(1)实验材料及设备

① 45 钢、T12 钢试样,尺寸分别为 $\varnothing 10$ mm×12 mm、$\varnothing 10$ mm×15 mm。

② 砂纸、玻璃板、抛光机等金相制样设备,按表 1 已准备好金相试样一套。

③ 马福电炉。

④ 洛氏硬度计。

⑤ 淬火水槽、油槽若干只。

⑥ 铁丝、钳子。

⑦ 金相显微镜及数码金相显微镜。

(2)实验步骤

①实验前应仔细阅读本实验指导书(包括洛氏硬度计的原理、构造及操作规程等)相关内容,明确实验目的、内容、任务。

②实验以组为单位进行,每组 12 人,每人完成表 1 所列内容之一。

③实验流程:

a. 按组每人领取已编好号码的试样一块,绑好细铁丝环。

b. 全组人员由实验老师讲解洛氏硬度计的使用,观看硬度测定示范,并按顺序每人测定试样处理前硬度。

c. 按表 1 中规定条件进行热处理。

各试样处理所需的加热炉已预先由实验老师准备好,各人选用合适的加热保温温度。热处理前首先观看一次实验老师进行的操作演示。

断电打开炉门,将试样放入炉膛内加热。试样应尽量靠近炉中测温热电偶端点附近,以保证热电偶测出的温度尽量接近试样温度。

表 1　综合实验方案

材料	编号	热处理工艺			硬度/HRC		最终组织
		加热温度/℃	冷却方法	回火温度/℃	处理前	处理后	
45 钢	1	860	空冷				
	2	860	油冷				
	3	860	水冷				
	4	860	水冷	200			
	5	860	水冷	400			
	6	860	水冷	600			
	7	760	水冷				
T12	8	900	空冷				
	9	900	水冷				
	10	780	水冷				
	11	780	水冷	200			
	12	780	油冷				

当试样加热到要求的温度时,开始计算保温时间,保温到所需时间后,断电开炉门,立即用钩子取出试样,出炉正火或淬火。淬火槽应尽量靠近炉门,操作要迅速,试样应完全浸入介质中,并搅动试样,否则有可能淬不硬。

特别安全提示:热处理过程中,放置和取出试样时,首先应切断电源。打开炉门操作时,应注意安全,不要被高温炉和试样烫伤。试样冷却过程中,在到达室温以前,不要用裸手触摸。

d. 试样经处理后,必须用砂布磨去氧化皮,擦净,然后在洛氏硬度计上测硬度值。

e. 进行回火操作的学生,将正常淬火的试样,测定淬火后的硬度值,再按表 1 中所指定的温度回火,保温 1 h,回火后再测硬度值。

f. 每位同学把自己测出的硬度数据填入原始记录表格中,记下本次试验的全部数据。

g. 制备金相试样,分析组织。各人制备并观察所处理样品的金相显微组织,在原始记录表中描述组织特征。组织观察在普通显微镜上进行分析确认后,在具有数据采集功能的数码显微镜上采集图像,保存成电子文档并打印在相片打印纸上,最后将显微组织照片贴于原始记录表中,和实验报告一并上交。

④小组讨论。

根据实验结果,结合课堂所学知识,围绕材料的成分—工艺—组织—性能关系,进行分析讨论。

5. 实验报告要求

以组为单位撰写实验报告,要求:

①每位同学写一份自己所做实验的小报告,附原始记录。

②全组同学结果共享,结合课堂所学相关知识讨论后,由组长执笔,全组成员签名,共同撰写一份总报告,并对实验提出意见和建议。

③将总报告和个人小报告汇总成一册上交,其中一份为纸质打印报告,一份为电子版报告。

6. 实验视频链接

http://metc.xjtu.edu.cn/jpkc/xlsymk.htm

综合实验原始记录

学生姓名：_____　班级：_____　实验日期：_____年___月___日

试样编号		材料名称		样品硬度（HRC）	处理前	淬火后	回火后

热处理工艺	加热温度/℃	冷却方法（打勾）			回火温度/℃
		空冷	油冷	水冷	

最终组织照片	

显微镜型号		金相组织描述		
硬度计型号		放大倍数	腐蚀剂	

指导教师签名：_____

附录 1

金相显微镜数字图像采集系统操作规程

1.1 IE200M 型金相显微镜图像采集系统

1. 启动软件

启动电脑之后,双击桌面应用程序图标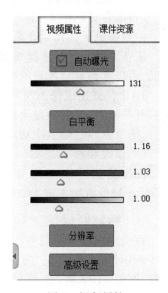,启动程序,或者到程序文件目录下找到此应用程序,双击也可启动程序。此时能看到整个软件的界面。

2. 图像采集

打开软件之后,会自动连接摄像头获取图像。此时在软件界面左侧会显示视频属性,通过属性能对图像进行相关的调整。如图1(软件界面右方):

选中自动曝光时,不管显微镜的亮度是偏亮还是偏暗,都能进行相应的调节,使显示器上的亮度保持适中。所以一般情况下请保持选中状态。

白平衡能使图像正确地以"白"为基色来还原其他颜色。

方法:把试样移出视场,点击"白平衡"按钮。适用于所有切试样。

其他属性一般都不需要调节,直接选择缺省设置即可。

图 1　视频属性

3. 操作栏

操作栏如图2所示。

图 2　操作栏

（1）拍照

点击拍照按钮右边小箭头按钮出现以下列表：拍照到文件、拍照到库、图像处理、剪切板几种模式选择，一般选择拍照到文件。如图3所示（软件界面下方）：

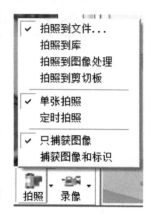

选择"拍照到文件"按钮，输入文件名点击保存按钮即可拍照。

拍照可以把带标识的图片进行拍照，只需勾选即可。

拍照也支持选区拍照模式，点击选区按钮框住需要拍照区域拍照即可。

（2）选区

点击按钮，可以在视频显示区域选择，并可以对选择的区域进行区域曝光、区域白平衡及区域拍照。

图 3　拍照下拉菜单

（3）导航

点击按钮，视频显示区域出现视频导航，再次点击则关闭。通过导航可以快速定位需要观察的位置。

（4）适合页面和1：1

一般情况下选择适合页面。

适合页面指用显示器观察时的适合比例，此时打开导航，可以看到显示器显示面是充满整个导航框的。

1：1模式指成像系统和显示器都按1：1显示，此时打开导航，可以看到显示器显示面在导航框上占据一部分，需要在导航框上拖动需要观察的位置。

（5）放大和缩小

点击按钮可以无限放大和缩小视频，也可以按CTRL＋鼠标滚轮实现无级缩放。

4. 标记面板

点击软件界面左侧的小三角，能打开标记面板。如图4所示（软件界面左方）：标记面板的标记包括选择、删除、画笔、十字线、比例尺、标注、画直线、画圆、画矩形、画角度、画点、画文字、插入图像、插入剪切板图像。

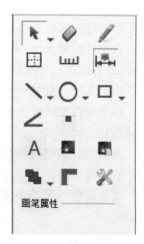

图 4　标记面板

其中选择、画直线、画圆和画矩形有隐藏菜单,点击小三角可展开。

选择不同的标记时,在标记面板下方会显示相应的画笔属性,针对该标记进行编辑,包括颜色、粗细、风格等。

5. 关闭软件

单击软件右上角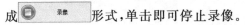,关闭软件。

1.2 MDJ—DM 型金相显微镜图像采集系统

1. 启动软件

启动电脑之后,双击桌面应用程序图标,或者到程序文件目录下找到此应用程序,双击也可启动程序。

2. 启动相机

单击侧边栏中的相机侧边栏(如果没有激活的话)出现相机列表组如图 5 所示。再单击相机列表组标题或其右边向下双箭头可展开相机列表组(折叠情况下);单击相机名"yyyyy"以创建相机视频窗口。

图 5 相机列表

3. 捕获与录像

捕获:单击该键可以捕获视频窗口的图像,可一直单击捕获。

录像:录制 MP4(H264、H265)/wmv/avi 视频流,录制开始以后,录像按键变成形式,单击即可停止录像。

如图 6 所示,设置"捕获"与分辨率。

图 6 设置"捕获与分辨率"

预览:设置视频预览分辨率。

捕获:设置用于静态图像捕获分辨率;为提高帧率,预览分辨率常选小的,捕获分辨率常选大的。

格式:捕获支持格式可以是 RGB24/RAW/RGB48,视相机型号而定,用户可根据需要选择。

4. 曝光与增益

①当曝光与增益组展开以后见图 7,在视频窗口某区域会叠加一绿色矩形取景器,在该矩形左上方标有曝光二字。该矩形用于计算视频的亮度是不是达到曝光目标值。拖动曝光 ROI 到视频的暗区会增加视频的亮度/曝光,ROI 拖到视频的亮区域会降低视频的亮度。

②复选自动曝光复选框,曝光目标滑动条有效,相机会根据曝光目标值设置曝光时间和模拟增益。

③不选自动曝光框会将自动曝光模式切换到手动曝光模式,这时曝光目标滑动条无效,在手动曝光模式下,将显微镜的光源调亮或调暗,视频由于光源亮度增加也变亮或变暗,拖动曝光时间滑块向左或向右以确保视频亮度显示正常。

④只有当显微镜光源太暗,不满足成像亮度要求时,才会向右拖动模拟增益滑块直到视频亮度正常;有时为了减少曝光时间,也会选择大的模拟增益,大的增益意味着大的噪声。

⑤通过单击曝光时间右边编辑框会弹出曝光时间对话框见图 7,在这里可以输入精确的曝光时间数值。

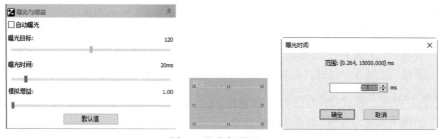

图 7　曝光与增益

⑥默认值:单击默认值按键以清除所有的更改,恢复所有参数默认值。

⑦单击展开的曝光与增益组标题会折叠该组,这时曝光矩形框会消失。

5. 白平衡

①单击白平衡标题以扩展白平衡组,如图 8 所示。这时会在视频窗口的某区域显示一个红色的矩形,其左上角标有白平衡三字,如图 8 所示。

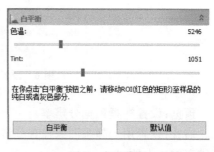

图 8　白平衡组

②拖动红色矩形到一块认为是纯白或灰色区域,单击白平衡按键即可为后继所有的视频建立视频白平衡映射。

③自动设置白平衡效果与实际白平衡有偏差时,左右拖动色温和 Tint 滑块以进行手动白平衡操作,如图 9 所示。

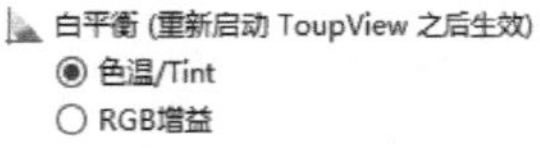

④默认值:单击默认值按键以清除所有的更改,恢复所有参数默认值。

⑤单击扩展情况下的白平衡标题可以折叠白平衡组,这时白平衡矩形会消失。

白平衡 (重新启动 ToupView 之后生效)
◉ 色温/Tint
○ RGB增益

图 9　白平衡

6.　颜色调整

点击颜色模式,出现图 10 所示画面。

①色调:调整视频的色调;左右拖动滑块降低或增加色调。

②饱和度:调整视频的饱和度;左右拖动滑块降低或增加饱和度。

③亮度:调整视频的亮度;左右拖动滑块降低或增加亮度。

④对比度:调整视频的对比度;左右拖动滑块降低或增加对比度。

⑤伽玛:调整视频的伽玛;左右拖动滑块降低或增加伽玛。

⑥默认值:单击默认值按键以清除所有的更改,恢复所有参数默认值。

颜色调整	
色调:	0
饱和度:	128
亮度:	0
对比度:	0
伽玛:	1.00
默认值	

图 10　颜色调整

7.　色彩模式

点击色彩模式,出现如图 11 所示画面。

①彩色:如果想预览彩色视频,则选择"彩色"按键。

②灰度:如果想预览灰度视频,则选择"灰度"按键。

色彩模式
◉ 彩色
○ 灰度

图 11　色彩模式

8.　保存

①选择文件＞保存命令,在不关闭当前图像的情况下将图像改动的结果存储到磁盘文件中,如果当前文件是未命名文件,则会弹出警告对话框,如图 12 所示。

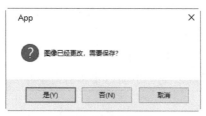

图 12　警告对话框

②选择是则会弹出文件另存为对话框以保存，提示用户指定适当的文件名和存储路径。只要对图像进行了改动，则在关闭程序或者关闭这个图像的时候，都会询问你是否要保存变动，如果选择否，则自上一次保存后所做的所有变动都将被丢弃。

③如果图像窗口的标题是以数字表示的如001,002,003 自相机捕获或通过文件→粘贴为新文件创建的图像，App 会自动弹出文件→另存为…对话框。

注意：a)文件→保存命令会保存窗口图像所有内容；b)文件→保存命令在文件没有改变或改变已经保存以后，会置灰。

9. 另存为

①选择文件→另存为…命令将当前窗口图像用指定的文件格式保存起来如图 13所示。在文件→保存为…命令结束以后，图像窗口会同新的文件以及新的文件格式关联在一起（图像窗口的标题栏会显示新保存文件名）如图 14 所示。

②保存在：希望将文件保存的目录，可以通过其右边的 　　　　　进行选择或设置。文件名：输入你想要保存的文件名字，或者通过浏览来指定。

图 13　"另存为"对话框　　　　　　　　　　　　　图 14

③保存类型：在下拉列表框中指定想要保存文件类型，也可以通过此方法将一种格式文件转换为另一种格式。App 支持保存格式如图 14 所示，这几种格式都支持图层上测量对象的保存。

10. 关闭软件

单击软件右上角 ，关闭软件。

附录 2

部分材料的金相图谱与金相样品缺陷

1. 实验 2 部分相关材料的金相图谱

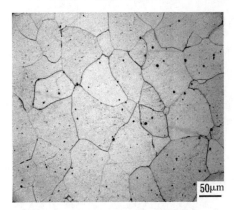 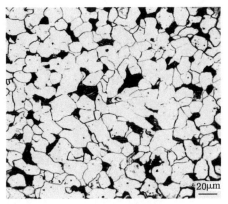

工业纯铁　退火　4％硝酸酒精　F＋Fe₃Cⅲ　　　20钢　退火　4％硝酸酒精　F＋P

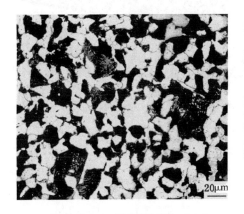 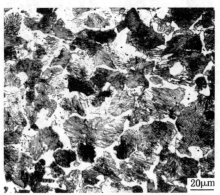

45钢　退火　4％硝酸酒精　F＋P　　　60钢　退火　4％硝酸酒精　F＋P

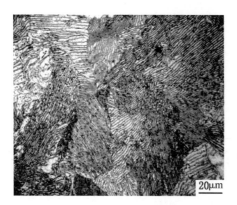

T8 钢　退火　4％硝酸酒精　P

T12　退火　苦味酸钠溶液
P＋Fe₃C_Ⅱ(Fe₃C 呈黑色)

T12　退火　4％硝酸酒精　P＋Fe₃C_Ⅱ

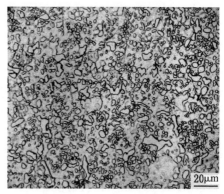

T12　球化退火　4％硝酸酒精 P球(F＋Fe₃C)

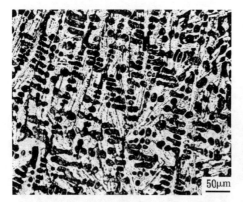

亚共晶白口铸铁　铸态
4％硝酸酒精　P＋Fe₃C_Ⅱ＋L′d

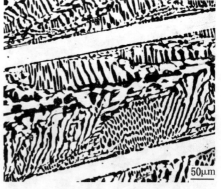

过共晶白口铸铁　铸态
4％硝酸酒精　Fe₃C_Ⅰ＋L′d

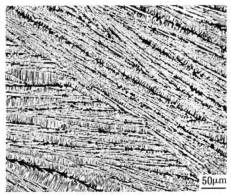

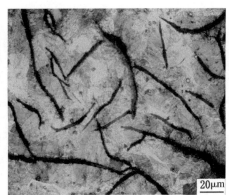

共晶白口铸铁　铸态 4%硝酸酒精　L′d

灰铸铁　铸态　4%硝酸酒精　P+G片

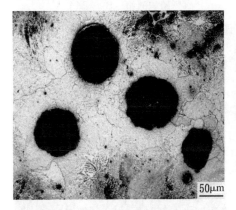

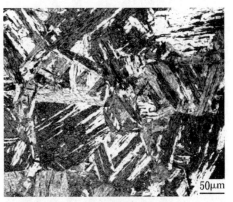

球墨铸铁　铸态　4%硝酸酒精　F+P+G球

15 钢　淬火　4%硝酸酒精　M低

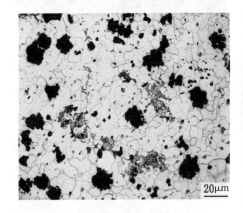

可锻铸铁　石墨化退火
4%硝酸酒精　F+P+G团

球墨铸铁　淬火
4%硝酸酒精　M+A′+G球

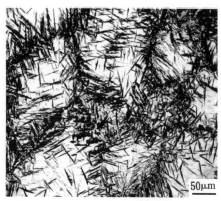

40Cr　460℃等温淬火　　　　　　T8钢　280℃等温淬火

4%硝酸酒精　$B_上+M+A'$　　　　4%硝酸酒精　$B_下+M+A'$

2. 实验3部分相关材料金相图谱

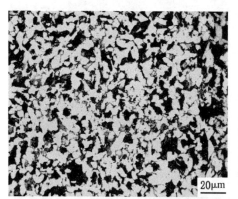

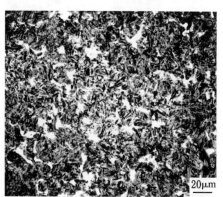

45钢　860℃正火　4%硝酸酒精　F+P　　　45钢　760℃淬火　4%硝酸酒精　F+M

45钢　860℃淬火　4%硝酸酒精　M　　　45钢　860℃淬火+200℃回火

4%硝酸酒精　$M_回$

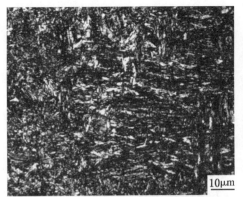

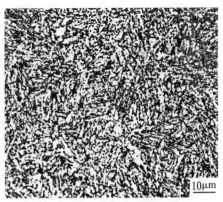

45 钢 860 ℃淬火＋400 ℃回火
4％硝酸酒精 T$_{回}$

45 钢 860 ℃淬火＋600 ℃回火
4％硝酸酒精 S$_{回}$

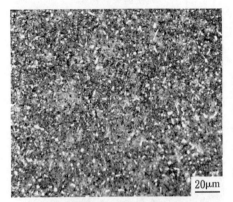

T12 780 ℃淬火 4％硝酸酒精 M＋Fe$_3$C

T12 780 ℃淬火＋200 ℃回火
4％硝酸酒精 M$_{回}$＋Fe$_3$C

T12 1200 ℃淬火 4％硝酸酒精 M＋A′

3. 金相样品制备过程产生缺陷

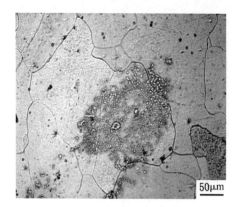

纯铁退火　水迹

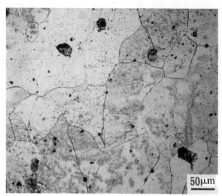

纯铁退火　污染

球墨铸铁　麻坑＋划痕

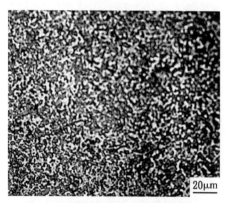

T12　球化退火　变形层

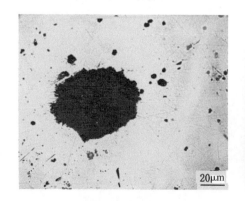

球墨铸铁　拖尾

45钢　退火　腐蚀过深

4. 其他常见工程材料金相图谱

1) 合金钢

(1) 渗碳钢 20CrMnTi

100×

材料名称:20CrMnTi 钢

浸蚀剂:4％硝酸酒精溶液

处理情况:920 ℃气体渗碳后坑冷

组织说明:表面渗碳层组织的分布情况,第一层为过共析渗碳层,基体为细片状珠光体及粒状和网状碳化物;第二层为共析渗碳层,基体为细片状珠光体;第三层为亚共析过渡层,基体为珠光体及铁素体;最后为心部组织,基体为铁素体＋珠光体

250×

是上图表面过共析渗碳层放大后的组织,最表面是颗粒状碳化物,达一定深度后才开始析出沿晶界分布的网状碳化物

（2）调质钢 40Cr

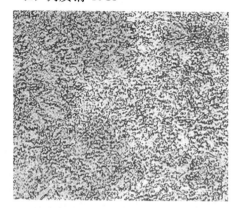

1000×

40Cr 调质处理

850 ℃加热淬油，600 ℃回火 1 h

回火索氏体（铁素体基体上分布着渗碳体颗粒）

（3）弹簧钢 65Mn

500×

65Mn 钢

淬火后再经中温回火处理

基体为回火托氏体，其上有极少量铁素体颗粒

（4）马氏体不锈钢 2Cr13

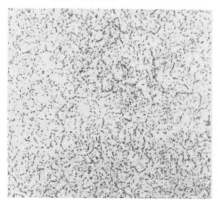

500×

2Cr13 钢

氯化高铁盐酸水溶液

退火态

铁素体基体上布有碳化物颗粒，晶界上淬火针状马氏体及少量残留奥氏体

碳化物呈断续网状倾向

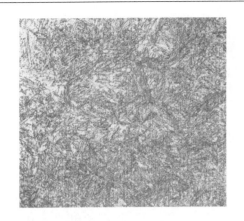

500×
2Cr13 钢
苦味酸盐酸酒精溶液
1000 ℃加热保温后油冷淬火
淬火针状马氏体及少量残留奥氏体

（5）奥氏体不锈钢 1Cr18Ni9Ti

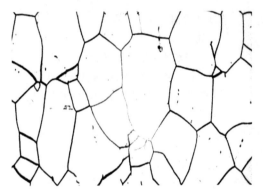

800×
1Cr18Ni9Ti 钢
王水溶液
1050 ℃固溶处理
基体为奥氏体，晶粒细小，部分晶粒呈孪
晶。基体上黑色点状为氧化物，黑色串连
呈条状分布为硫化物夹杂

2）有色金属
（1）铜合金

120×
二号铜(T2)
硝酸高铁酒精溶液
850 ℃下热加工
热加工后的加工铜 α 相为再结晶组织，温度
较高，晶粒较大，有明显的退火孪晶

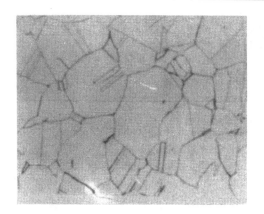

150×

H90 黄铜

三氯化铁酒精溶液

冷轧后 600 ℃退火

α 固溶体,部分 α 晶粒内出现退火孪晶

60×

H68 黄铜

热轧

70%磷酸水溶液电解浸蚀

热轧时产生的动态再结晶使合金获得

α 单相再结晶的孪晶组织晶粒粗大,孪晶

典型

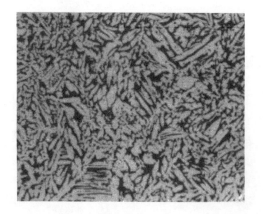

100×

H59 黄铜

铸造

三氯化铁盐酸水溶液

白色为 α 固溶体,黑色为 β′相(CuZn 为基

的固溶体)

200×

锡青铜（$w_{Sn}>6\%$）

铸造

三氯化铁盐酸水溶液

灰、白两相共存的基体为共析体（α＋δ），深灰色树枝状为初晶 α 固溶体，因 α 有枝晶偏析，故不同部位呈现明暗不同的颜色

120×

QSn6.5～0.1

挤压棒

硝酸高铁酒精溶液

再结晶晶粒完整，树枝状偏析及共析体完全消除，呈 α 单相组织

（2）铝合金

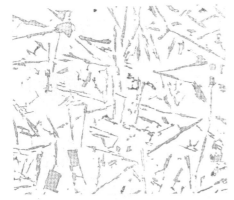

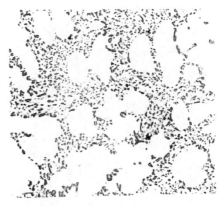

100×

ZAlSi12（ZL102）铝硅合金

砂型铸造，未变质

0.5％氢氟酸水溶液

白色基体为 α 固溶体、粗大灰色条片状共晶硅及块状初晶硅，此为未经变质处理的典型组织

300×

ZAlSi12（ZL102）铝硅合金

钠盐变质处理

0.5％氢氟酸水溶液

白色枝晶状为初生 α 固溶体、灰色共晶硅呈球状和椭圆状，此为典型的经变质处理后的组织

250×

2A12(LY12)高强度硬铝合金

退火

混合酸水溶液

在 420 ℃×1.5 h 随炉冷至 150 ℃出炉空冷，退火后在 α 固溶体上析出大量的化合物质点，较大的 S(Al₂CuMg)相、θ(Al₂Cu)相等强化相和不溶杂质相经挤压延伸而被破碎

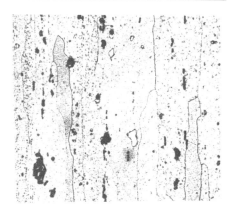

400×

2A12(LY12)高强度硬铝合金

固溶后自然时效

混合酸水溶液

经(500 ℃±5 ℃)×1 h，水冷 190 ℃保温 6 h时效。纵向组织，经淬火后已完全再结晶，晶粒沿挤压方向伸长，在 α 固溶体上沿挤压方向分布着不溶的化合物，少量白色残留可溶相 θ(Al₂Cu)呈圆角块状

（3）轴承合金

100×

ZSnSb11Cu6 锡基轴承合金

卧式离心浇注

4%硝酸酒精溶液

黑色基体为锡基 α 固溶体＋白色方块状、三角形、多边形为 SnSb 化合物，白色针状及星状者为 Cu₆Sn₅ 化合物

125×

ZPbSb16Sn16Cu2 铅基轴承合金

立式静止浇注

4%硝酸酒精溶液

基体为 Pb＋Sn(Sb)固溶体的共晶体，白色方块状为 SnSb 化合物

（4）钛合金

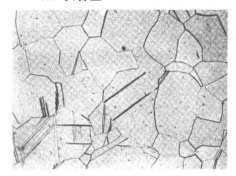

250×

TA2（工业纯钛）

锻棒经 700 ℃×1 h 后空冷退火

氢氟酸∶硝酸∶水（体积比 2∶1∶17）

基体组织为 α 相，在某些晶粒内出现
孪晶

500×

TB2（Ti－5Mo－5V－8Cr－3Al）

800 ℃×0.5 h 空冷淬火

氢氟酸∶硝酸∶水（体积比 1∶1∶3）

等轴亚稳定 β 相晶粒

（5）镁合金

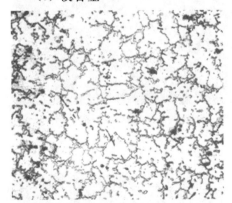

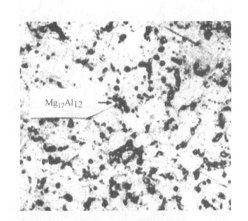

左图：AZ61$[w_{Al}=5.8\%\sim7.2\%,\ w_{Zn}=0.4\%\sim1.5\%,\ w_{Mn}=0.15\%\sim0.5\%$，其余为Mg$]$

右图：AZ31$[w_{Al}=2.5\%\sim3.5\%,\ w_{Zn}=0.6\%\sim1.4\%,\ w_{Mn}=0.2\%\sim1.0\%$，其余为Mg$]$

硝酸 1 mL，醋酸 20 mL，乙二醇 60 mL，水 19 mL

铸态

在白色 α(Mg)基体中分布有灰黑色的 β(Mg_{17}(Al，Zn)$_{12}$)相，该相按合金中铝含量的多少呈断续点状（AZ31 合金，含铝量低）或连续网状（AZ61 合金，含铝量高）分布在 α(Mg)基体晶界上或枝晶网胞间

3）二元共晶系合金的显微组织

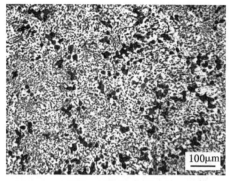

Pb-Sn　亚共晶　4％硝酸酒精　α+(α+β)

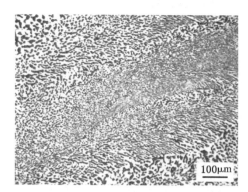

Pb-Sn　共晶　4％硝酸酒精　(α+β)

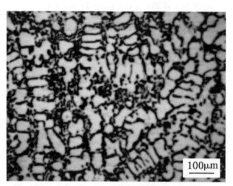

Pb-Sn　过共晶　4％硝酸酒精　β+(α+β)

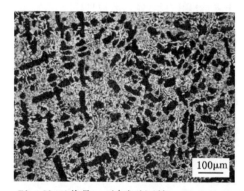

Pb-Sb 亚共晶　4％硝酸酒精　α+(α+β)

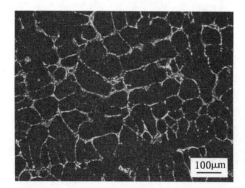

Pb-Sb　亚共晶(共晶离异)　4％硝酸酒精
α+(α+β)→α+β

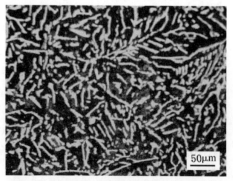

Pb-Sb　共晶　4％硝酸酒精　(α+β)

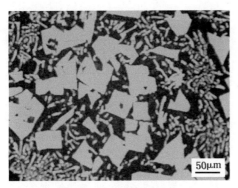

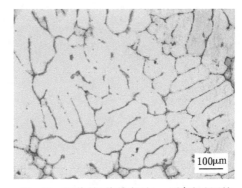

Pb - Sb　过共晶　4%硝酸酒精　β+(α+β)　　　　Al - Si　亚共晶(共晶离异)　4%硝酸酒精
　　　　　　　　　　　　　　　　　　　　　　　　　　α+(α+β)

附录 3

数码金相显微镜中数字图像与处理
知识介绍

1. 金相组织分析与数字图像

在材料研究领域,显微组织分析是一个基本的和常用的手段。材料的性能取决于其内部的显微组织结构,通过改变材料成分、加工工艺使得材料的显微组织改变,从而可以获得不同的性能。材料成分、加工工艺和性能之间的内在关系在于对其显微组织的认识和分析理解。获取材料的显微组织是研究材料的经常性工作。除本课程介绍的金相技术可以获得微米和亚微米尺度的组织外,通过一些现代分析设备,如扫描电镜、透射电镜、原子力显微镜、隧道扫描电镜、超高电压透射电镜等,可以获得纳米尺度到原子团簇等更为深入的材料内部组织细节。无论是一般的金相分析还是现代的电子分析手段,对于显微组织分析而言,都是首先获得一张组织图像照片,而后进行定性或定量的特征分析。

在数字图像处理技术普及以前,显微组织的分析中获得的照片是通过相机先获取一张曝光合适、组织细节清晰的底片,然后进行底片冲洗、放大印像,最终得到一张印在相纸上的图像照片。这种通过照相底片冲洗印制所得的照片,获取过程繁琐,不便长期保存,也不方便进行交流。现在数码相机技术成熟并普遍应用,获取数码照片已很容易,在金相显微镜和电子显微镜上配接数码图像采集系统,金相显微组织图像照片可以直接以数码图像方式采集存储起来,即使以前的普通照相所得照片也可通过高分辨率的扫描仪使其数字化,保存在计算机中,以供进一步分析使用。图像数字化技术的成熟与普及为金相组织的计算机分析创造了条件。

2. 与数字图像处理相关的基本概念

就材料研究而言,图像是指由各种材料表征手段(如光学和电子显微镜、光谱、能谱等)所获得的有关材料结构的各种影像,是单个或一组对象的直观表示。图像处理就是对图像中包含的信息进行处理,使它具有更多的用途。一般光学图像、照相图像(照片)、电视图像(显示器显示的图像)都属于连续的模拟图像,不能直接适用于计算机处理。可供计算机处理的图像是所谓的数字图像。数字图像是将连续的模拟图像经过离散化处理后得到的计算机能够辨别的点阵图像,即被量化的二维采样数组。

通常,一幅数字图像都是由若干个数据点组成的,每个数据点称为像素(pixel)。比如一幅图像的大小为 256×512,就是指该图像是由水平方向上 256 列像素和垂直方向上 512 行像素组成的矩形图。每一个像素具有自己的属性,如灰度和颜色等。颜色和灰度是决定一幅图像表现能力的关键因素。其中,灰度是单色图像中像素亮度的表征,量化等级越高,表现力越强,一般常用 256 级。同样,颜色量化等级包括单色、4 色、16 色、256 色、24 位真彩色等,量化等级越高,则量化误差越小,图像的颜色表现力越强。当然,随着量化等级的提高,图像的数据量将剧增,导致图像处理的计算量和复杂程度相应增加。

数字化图像按记录方式分为矢量图像和位图图像。在材料的金相组织中一般不采用矢量图像来记录,更多的是采用位图图像来记录。位图方式就是将图像的每一个像素点转换为一个数据,如果以 8 位来记录,便可以表现出 256 种颜色或色调(2^8＝256),因此使用的位元素越多所能表现出的色彩也越多。因而位图图像能够制作出色彩和色调变化丰富的图像,可以逼真地表现自然景色图像。通常我们使用的颜色有 16 色、256 色、增强 16 位和真彩色 24 位。这种位图图像记录文件较大,对计算机的内存和硬盘空间容量需求较高。

对于数字图像,除了像素和位这两个常用的术语外,还有分辨率这一概念。一幅数字图像是由一组像素点以矩阵的方式排列而成,像素点的大小直接与图形的分辨率有关。图像的分辨率越高,像素点越小,图像就越清晰。一个图像输入设备(如扫描仪、数码摄像头等)的分辨率高低常用每英寸的像素值来表示,即 ppi(pixel per inch),它决定了图像的根本质量,反映了图像中信息量的大小。如一幅 1024ppi×768ppi 图像的质量远高于 254ppi×512ppi,当然它们所包含的信息量也相差甚大。而对于图像输出设备(如打印机、绘图仪等)的分辨率则用每英寸上的像素点 dpi(dot per inch)来表示,这一数值越高,对于同一图像输出效果越好。但是,图像的根本质量取决于采集输入时所用设备的分辨率大小。一幅本质粗糙的图像,不会因为使用一台高像素点的输出设备而变得细腻。除输出打印外,计算机处理图像还主要通过屏幕显示来观察效果,计算机屏幕的分辨率是指显示器上最大可实现的像素数的集合,通常用水平和垂直方向的像素点来表示,如 1024×600等,显示器的像素点越多,分辨率越高,显示的图像也越细腻。

现在我们一般采用高分辨率的数码摄像头获取金相组织图像,其像素值达上千万,图像品质几乎可达到眼睛在目镜中所观察到的效果。在采用数码金相显微镜获取的图像保存于计算机后,图像中的组织组成物的大小可根据图像的大小和放大倍数来进行标定,但最好是在摄取时就根据放大倍数,带上标尺标注在图像中。计算机中保存的图像文件,在操作系统下可通过在图像文件上点击右键获取属性来查看图像的分辨率和大小,如图 1 所示。这是一幅 T12 钢淬火后低温回火的组织照片,采用数码金相显微镜获取,物镜放大倍数 40×/0.65,CCD(电荷耦合器件)为 13 mm(1/2 in)的 800×600 感光器,当照相目镜不再放大时,其拍摄的视场为试样上的 0.254 mm×0.191 mm 区域(当照相目镜再放大时,则实际视场按照相目镜放大倍数再缩小)。图片用 T12 文件名以 bmp 格式保存。查看文件的属性可看到,该图像原始大小为 800×600(宽×高),代表在 500× 下所看到的图像大小为 127 mm×95.5 mm。

图 1 钢淬火后低温回火组织数码照片

计算机采集的图片文件一般要在 Word 文档中进行处理使用。对于不同的照相物镜放大倍率,CCD 拍摄到的大小始终是 0.4 in×0.3 in=10.16 mm×7.62 mm。以 800×600 像素在计算机显示器上显示才和 CCD 拍摄的一致。显示器采用其他分辨率时,相当于按照一定的比率对其缩放。将计算机以 800×600 像素分辨率采集的图像保存后,代表着实际感光器上 10.16 mm×7.62 mm 大小的图像,因此在 Word 中使用时,应当将 800×600 像素的图片尺寸定为 10.16 cm×7.62 cm,方可和在实际显微镜下用 10× 目镜观察时的放大倍率一致。

与模拟图像相比,数字图像具有精度高、处理方便和重复性好的优势。目前的计算机技术可以将一幅模拟图像数字化为任意的二维数组,也就是说,数字图像可以有无限个像素组成,其精度使数字图像与彩色照片的效果相差无几。而数字图像在本质上是一组数据,所以可以使用计算机对其进行任意方式的处理,如放大、缩小,复制、删除某一部分,提取特征等,处理功能多而且方便。数字图像以数据的方式可以储存起来，不像模拟图像如照片，会随时间流逝而褪色变质。数字图像在保存和交流过程中，重复性好。

3. 数字图像的处理与金相组织分析简介

数字图像处理就是用计算机进行的一种独特的图像处理方法。常见的数字图像处理技术有图像变换、图像增强与复原和图像压缩与编码，这些操作技术主要针对图像的存储和质量要求而处理。当然，一般的数字图像很难为人所理解，需要将数字图像从一组离散数据还原为一幅可见的图像，这一过程就是图像显示技术。对于数字图像及其处理效果的评价分析，图像显示技术是必需的。

对材料的组织分析而言，更多的还会用到图像分割技术和图像分析技术。它们是将图像中有意义的特征（即研究所关心的特征组织）提取出来，并进行量化描述和解释。图像分割是数字图像处理中的关键技术，它是进一步进行图像识别、分析和理解的基础。图像有意义的特征主要包括图像的边缘、区域等。

此外还有图像的识别、图像隐藏等技术。不同的图像处理技术应用于不同的领域，发展出许多不同的分支学科。

对于上述的图像处理功能，许多通用软件和专业软件都可实现。常用的图像处理专业软件 Photoshop 就具有强大的图像处理功能，如路径、通道、滤镜、增强、锐化、二值化等。对于材料研究中图像处理常常进行的材料聚集结构单元的测量，可利用这一软件中的图像二值化来分离出目标颗粒，并消除背景干扰，如图 1 中的白色渗碳体；可利用这一软件通过二值化进行图像分离提取后，见图 2，再进行统计分析。这一软件对于材料研究图像处理而言，可作为辅助工具使用。

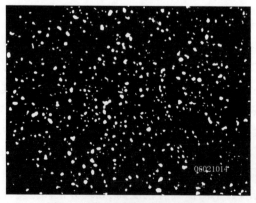

图 2　二值化处理后 T12 组织照

除常用的 Photoshop 软件外，较为专业的 MATLAB 软件中的图像处理工具箱在图像的处理与分析方面，特别是在图像的分割、特征提取和形态运算方面具有强大的功能,许多专业图像分析软件都是在 MATLAB 图像处理工具基础上开发的。

对于金相组织分析工作,MATLAB 的图像处理工具箱提供的大量函数用于采集图像和视频信号,并支持多种的图像数据格式,如 jpeg、tiff、avi 等。尤为重要的是,该工具箱提供了大量的图像处理函数,利用这些函数,可以方便地分析图像数据,获取图像细节信息,进行图像的操作与变换。该工具箱中还提供了边缘检测的各种算法和众多的形态学函数,便于对灰度图像和二值图像进行处理,可以快速实现边缘监测、图像去噪、骨架抽取和粒度测定等算法,为金相组织的特征提取与分析提供了多种强有力的手段,成为各种专业图像处理软件的编程基础。更为专业的图像处理软件有 Image Pro 等。

材料的显微组织分析包括两个方面,一是确定显微组织中组织组成物的类型,如钢中的铁素体、珠光体、渗碳体等;二是确定组织组成物的数量、大小、形状和分布。同一种组织组成物在显微镜下呈现一定的相同特征,可以利用图像处理工具箱中的图像分割函数,如阈值分割、边缘检测等,将组织照片中的特征区域分离出来,并进行标注,以便后续开展定量分析。一旦某一组织组成物被成功分离标注,后续的定量分析可利用相关的函数,只是一个简单的计算问题。MATLAB 图像处理工具箱对于二值图像提供了丰富的区域选择、对象标注和特性度量函数,可用于对特征区域组织组成物定量分析。分离出的每一个特征区域在数码照片中可作为一个目标粒子,对某一组织组成物的定量分析就转化成对这些目标粒子的统计分析计算。

以 T12 的淬火后低温回火组织为例,其中的渗碳体对性能有重要影响,对图 1 组织(图像)中的渗碳体采用 MATLAB 图像工具处理箱进行分离与分析计算,进行阈值分割,得到图 3 所示的结果图。

图 3　T12 中渗碳体阈值分割分离结果图

对图中的渗碳体(白色)进行标注,并统计总数 numObject=762。对所有渗碳体计算面积,找出最大面积为 362 平方像素和平均面积为 38.8 平方像素,进行统计直方图描绘,得到图 4 所示的结果图。更多的组织特征数据分析还可采用更专业的图像处理软件获得,如图 5 所示就是采用 Image Pro 软件处理的结果。

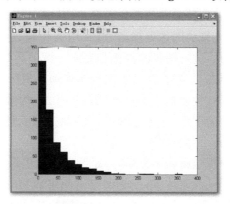

图 4　组织组成物渗碳体统计分析直方图

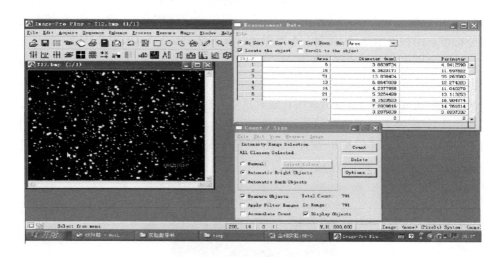

图 5　Image Pro Plus 6.0 处理结果截图

附录 *4*

工程材料的成分分析与力学性能
测试技术介绍

1. 工程材料的成分分析

金属材料包括纯金属、合金、金属基复合材料等金属结构材料和特种金属功能材料,广泛应用于航空、机械、计算机硬件等不同的领域。随着高科技的发展,各行业对金属材料的需求不断增长,一些创新的复合金属材料应运而生。这些高端而复杂的新的金属材料不仅具有特殊性,更具有优良的性能。对金属材料的成分进行定性和定量的分析,既有助于全面了解和掌握金属材料的组成及其内部构造,为更好地去研发更新、更复杂的金属材料提供依据,也常常是金属零构件服役失效分析所必须的。由于金属材料的多样性,各种不同金属材料的分析方法被相继提出,在表征金属材料的成分时选择有效的分析方法就显得格外重要。

1)金属材料成分分析传统方法

(1)分光光度法

分光光度法是基于 Lamber-Beer 定律而对金属元素进行定量分析与表征的分析方法。在分光光度法中,利用不同波长的光,将其连续射入含有金属离子的溶液中,就会得到不同波长所对应的吸收强度,如果以吸收强度(A)为纵坐标,波长(λ)为横坐标,我们就可以绘出标准溶液的吸收光谱曲线。再换成待测试样,就可以得到该金属离子的吸收光谱曲线,通过这一曲线就可以对溶液中的金属离子进行定量分析,得到其浓度和含量。

(2)滴定分析法

滴定法是一种传统的金属材料成分分析方法,这种方法指的是用一种具有标准浓度的试剂去测量含有金属离子溶液中的金属离子含量。当金属离子与标准试剂反应完全后,就达到滴定终点,这时候测定溶液,就会出现等当量点的颜色。也就是滴定终点颜色,滴定终点是标准试剂与待测金属离子恰好完全反应时的化学计量点。这种分析方法简便快捷,现在仍有一定通用性。

(3) 原子吸收光谱法

原子吸收光谱法是根据处于气态的基态原子的外层电子对可见光和紫外光之间的谱线进行吸收,然后对此吸收强度进行分析以定量得出金属成分的一种分析方法,其中火焰原子吸收光谱法是目前比较常用的一种原子吸收光谱法。

(4) X 射线荧光光谱法

X 射线荧光光谱法的原理是基态原子(一般为蒸气状态)吸收合适的特定频率的辐射而被激发至高能态,而后激发过程中以光辐射的形式发射出特征波长的荧光。通过测出一系列 X 射线荧光谱线的波长,即能确定元素的种类。将测得的谱线强度与标准样品比较,即可确定该元素的含量。该方法主要用于金属元素的测定,在环境科学、高纯物质、矿物、水质监控、生物制品和医学分析等方面有广泛的应用。

(5) 电分析法

电分析法最初是被用来研究金属电池中所进行的化学反应,其原理是利用了金属材料的组成和含量与金属材料的电性质的关联性。但是因为其准确度不高,而且实施也很不方便,受其他干扰时误差很大,如今已很少采用。

2)金属材料成分分析新方法

(1)电感耦合等离子体质谱法

电感耦合等离子体质谱法是最近发展起来的一种最灵敏的元素分析方法,它以独特的接口技术将电感耦合等离子体的高温电离特性与质谱计灵敏快速扫描的优点相结合而形成的一种高灵敏度的分析技术。现在主要用于痕量和微量元素的定量测定,比如对金属材料中的稀有金属、贵金属、难熔金属和稀土金属进行测量。

(2)激光诱导等离子体光谱法

该方法是最近才发展起来的一种原子发射光谱法,其装置构造简单,便于操作,可以对金属材料中的多种元素进行同时测量,提高了测量效率,并可以满足在线测量分析的需要,这一方法可以用来测量不锈钢中的微量元素。

(3)电感耦合等离子原子发射光谱法

电感耦合等离子原子发射光谱法也是一种新型的原子发射光谱法,是指利用金属元素受到激发而产生电子跃迁,此跃迁会在谱线上表现出一定强度而进行测量的方法,其测量范围较广且灵敏度高。

(4)石墨炉原子吸收法

石墨炉原子吸收法是利用石墨材料制成管、杯等形状的原子化器,用电流加热原子化进行原子吸收分析的方法。由于样品全部参加原子化,并且避免了原子浓度在火焰气体中的稀释,分析灵敏度得到了显著的提高。该法用于测定痕量金属元素,在性能上比其他许多方法好,并能用于少量样品的分析和固体样品直接分析,因而其应用领域十分广泛。

随着科技的发展,更多更复杂的金属材料正在被研发,对于这些材料的成分分析,传统方法因为各种原因已经远远达不到人们的要求。为了更好地对这些新型复杂材料进行成分分析,只有开发出与时俱进的新方法才能满足人们科研的需求。越来越多的现代分析方法应运而生,这些新方法更加专注于材料成分、结构、缺陷等的分析。同时,更多的分析检测仪器也被不断地研究出来,从而使一些新方法的实施成为了可能。在这样的发展趋势之下,金属材料的分析方法朝着准确、高效的方向发展,也就是操作上要不断简捷方便,测量结果上灵敏度、准确度也要加强。

2. 力学性能测试

材料受力后将表现出各种不同行为,呈现出涉及应力—应变关系的力学特性。人们对材料的力学行为的认知是一个由简单到复杂、由表面现象到微观机理、由浅入深的过程。对材料的力学行为评价技术亦是随着材料研究的不断深入和其他相关技术,如微电子技术、计算机技术、控制技术的不断发展而逐渐完善的。

1)静态力学性能测试

材料的静态力学性能是评价材料最基本的参数。材料的静态拉伸力学性能指标是工程应用中最为重要的指标之一。工程上进行材料静态拉伸的目的是检测材料在静态载荷下承受外力的内在能力,为构件结构设计提供依据。

工程应用中材料的强度是一项非常重要的力学性能指标,它表征了材料在外力作用下抵抗发生一定程度塑性变形的能力。通常工程应用中最常使用的强度指标有屈服强度(R_p)和抗拉强度(R_m)。屈服强度(R_p)是指材料仅产生微量塑性变形时所能承受的最大应力,它是机械构件设计中最广泛、最重要的力学性能数据;抗拉强度(R_m)是指材料在拉伸应力作用下所能承受的最大应力。

塑性指标是表征材料塑性变形能力的指标。在工程应用中它的意义是当工程材料构件承载超过设计应力时,材料可通过变形方式失效,以避免灾难性的突然断裂而导致的突发事件。在压力加工中,它可以表示材料进行冷变形程度的能力。塑性指标在工程应用中主要由断后延伸率(A)和断面收缩率(Z)两个指标表征。

材料的上述性能可通过静态拉伸试验测量获得。

材料静态拉伸试验的方法是将材料加工成标准规定的几何形状,在单轴拉伸状态下以缓慢的速度拉伸直至断裂。拉伸时记录材料承受载荷与变形的关系曲线,并通过必要的理论计算方法,求得所需要材料的弹性模量、抗拉强度、屈服强度、延伸率、断面收缩率等常见的力学性能指标。

目前用于静态拉伸试验的主要设备有电子万能材料试验机和液压万能材料试验机。两种试验机的框架外形如图 1 所示。

　　(a)电子万能材料试验机　　　　　　(b)液压万能材料试验机

图 1　材料试验机外观(英国 Instron 公司生产)

2)动态力学性能测试技术

(1)疲劳裂纹扩展速率实验

众所周知,绝大多数工程材料在其服役中承受的是动载荷。当材料或结构受到重复变化的载荷作用后,应力值虽然始终没有超过材料的强度极限或屈服强度,甚至比材料的弹性极限还低的情况下就可能发生破坏,这种在应力或应变的反复作用下材料或结构发生性能变化的现象称之为"疲劳"。

疲劳裂纹扩展时,对应于交变载荷每一次循环周次 dN 所对应的裂纹扩展量 da,称为疲劳裂纹扩展速率,用 da/dN 表示,单位为 mm/周次。

实验研究表明,决定材料疲劳裂纹扩展速率 da/dN 的主要参量为应力强度因子幅度 $\Delta K(\Delta K = K_{\max} - K_{\min})$。$da/dN$ 和 ΔK 的关系曲线可分为三个阶段,如图 2 所示。在疲劳裂纹扩展第一阶段中,当 ΔK 小于临界值 ΔK_{th} 时,裂纹不扩展,ΔK_{th} 称为疲劳裂纹扩展门槛值。当 ΔK 大于 ΔK_{th} 时裂纹扩展并很快进入第二阶段。疲劳裂纹扩展第二阶段称为临界扩展阶段,其 $\lg(da/dN)$ 和 $\lg(\Delta K)$ 的关系是

线性的,这就是著名的 Paris 公式

$$\mathrm{d}a/\mathrm{d}N = C(\Delta K)^m$$

式中:C 和 m 为与材料有关的常数。当疲劳裂纹扩展过渡到第三阶段时 $K_{\max}$ 接近 K_{Ic},裂纹加速扩展,当 $K_{\max}$ 达到 K_{Ic} 时试样断裂。

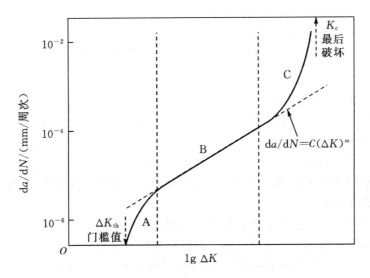

图 2　典型的疲劳裂纹扩展速率曲线

　　为了测定出 $\mathrm{d}a/\mathrm{d}N$,并将试验结果整理成 Paris 公式的形式,要用带裂纹的试样作疲劳裂纹扩展试验,记录下疲劳试验中不同循环周次 N_i 下的疲劳裂纹长度 a_i,画出 a-N 曲线,如图 3 所示。在曲线上求出给定裂纹长度下对应点的斜率,即为 $\mathrm{d}a/\mathrm{d}N$。同时根据该点的裂纹长度 a 和交变载荷幅度 ΔF 计算出应力强度因子幅度 ΔK。根据曲线上各点的 $\mathrm{d}a/\mathrm{d}N$ 和相应的 ΔK,作出 $\lg(\mathrm{d}a/\mathrm{d}N)$-$\lg(\Delta K)$ 关系曲线,求出 Paris 公式中材料常数 C 和 m。

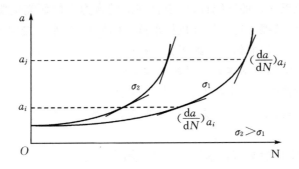

图 3　疲劳裂纹扩展的 a-N 曲线图

(2)断裂力学测试技术

相对于材料的疲劳特性测试技术来说,断裂性能测试与评价是一门较新的试验技术,由于受数值计算数学及其他相关学科的制约,到目前为止成熟的断裂性能测试技术仅限于对 I 型裂纹体性能测试,所测得材料常数为 K_{IC}、J_{IC}、COD 和 K_{Id} 等,以及材料的裂纹扩展规律。

断裂力学的研究表明:金属材料低应力脆性破坏的根源是裂纹。断裂力学的力学参量——应力强度因子 K 是一个描述裂纹尖端应力应变场强弱的物理量,即

$$K = Y\sigma\sqrt{a}$$

由上式知,随着受载程度(σ)和裂纹尺寸(a)的增加,应力强度因子 K 也随之增加,当 K 达到一定值时,裂纹自动扩展导致断裂。这时的应力强度因子 K 就成为材料的性能指标－断裂韧性。

平面应变断裂韧性 K_{IC},是材料在平面应变条件下,裂纹以张开型方式扩展的应力强度因子 K_I 的临界值。它表征了材料抵抗裂纹突然扩张的阻力,即材料抵抗脆性破断的能力。

断裂韧性的试样必须是带有裂纹的试样,而且裂纹还要具有一定的尖锐度。断裂韧性试验要求满足小范围屈服和平面应变的力学条件。为了满足这些条件,又需要估计待测材料的断裂韧性。因此,试验的有效性往往是试验前无法准确判断的。试验后必须仔细进行有关试验有效性分析判定,以便满足相关力学条件。

断裂韧性测试的基本过程:将所要测试的材料制成一定形状尺寸的试样,通常采用三点弯曲试样和紧凑拉伸试样。为了测得稳定的平面应变断裂韧性 K_{IC},规定试样尺寸必须满足平面应变和小范围屈服两个条件。

3)力学性能测试技术新进展

(1)微纳材料力学性能测试技术的发展和应用

纳米力学是研究纳米尺度材料、器件与结构的力学。从研究手段上它可以分为纳观计算力学和纳米试验力学,主要是试验观测、数值模拟和理论分析,因为纳米力学理论尚缺乏学科的系统性,所以目前对纳米力学的研究主要是前两者。其中,纳米力学数值模拟方法受计算机处理能力的限制,很难直接用于纳米器件和系统的整体性模拟,而只能作为对纳米力学机理认识的辅助工具。

纳米试验力学的基本内容是材料纳观力学特性与纳米材料力学特性的测试。纳观试验的力学测试手段主要有:① 立体刻蚀微加载系统;②对膜基结构的微通道拼裂压力测量;③ 纳米压痕法。前两种测试仅涉及到均匀应力场,而纳米压痕却引起应力梯度。

(2)薄膜力学性能测试技术的发展与应用

薄膜是一种特殊形态的材料,在微电子等领域得到了广泛的应用。薄膜材料

的力学性能与大块材料的力学性能有较大差异,许多传统的力学测试技术与设备
也不能直接用于薄膜材料的测试。尽管人们对薄膜力学行为和测试技术已经进行
了大量而广泛的研究工作,对薄膜与块体材料在力学行为之间的差异已经有了一
定程度的了解,并不断提出了一些新的力学测试技术和方法,但这些研究工作还只
是刚刚开始,众多不清楚的问题有待于更加深入的研究。开发薄膜材料性能的测
试方法与测试设备,测量和积累薄膜性能的基础数据,进而研究薄膜材料的制备工
艺与组织和性能之间的关系具有重要的现实意义。

　　目前在薄膜材料的力学性能测试中,常用的方法主要有纳米压痕法、单轴拉伸
法、薄膜弯曲试验法、悬臂梁法等。

附录 **5**

全国大学生金相技能大赛简介及制样通用操作规程

1. 大赛简介

全国大学生金相技能大赛最初是由清华大学、北京科技大学、昆明理工大学、重庆大学、东南大学、中南大学、国防科技大学、湖南大学、上海应用技术学院等高校联合发起的一项大学生赛事。第一届全国大学生金相技能赛于 2012 年 11 月在北京科技大学举办,此后每年举办一届。2015 年 8 月,教育部高等学校材料类专业教学指导委员会正式发文,决定作为大赛的主办单位对大赛的组织工作进行具体的指导。自此,全国大学生金相技能大赛成为一项得到教育部有关部门认可的全国性大学生赛事,每年 7 月至 10 月间举办一届。2020 年 2 月 22 日,中国高等教育学会发布 2019 年全国普通高校大学生学科竞赛排行榜,全国大学生金相技能大赛正式纳入排行榜,成为排行榜内 44 个竞赛项目之一。

2. 制样通用操作规程

本操作规程针对全国大学生金相技能大赛比赛金相试样制样和显微组织观察而订,也可供日常金相实验教学参考使用。

(1)手工预磨操作规程

①在正式磨样前,清理工作台面的灰尘或磨料颗粒,以免影响磨样质量。将砂纸放置合适位置(建议如图 1 所示摆放,未使用的砂纸从上到下按照从粗到细的顺序叠放)。

未使用砂纸	磨样工作区	已使用砂纸

图 1　磨样工位及砂纸摆放顺序示意图

②样品无标记面为磨制面。磨制面边缘无倒角的需先行倒角(0.5～1 mm,45°,手工、机磨均可)。

③在砂纸上将试样的磨制面朝下,一手按住砂纸,一手握住试样(建议用大拇指、食指和中指捏持试样),略加压力后将试样紧贴砂纸朝前推至砂纸上部边缘(图2(a),(b)),然后将试样提起并返回到起始位置(图2(c),(d)),再进行第二次磨制。如此反复进行直至磨制面平整且磨痕方向一致为止。在这一操作过程中,每一次后移(返回)也可不将试样提起,即往返过程试样均与砂纸接触。

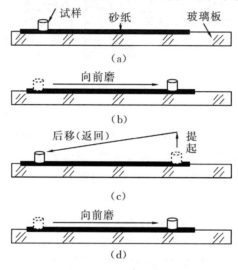

图 2　手工金相磨制手法示意图

④依次换上从粗到细牌号砂纸进行手工磨制。每更换一道砂纸,试样转一个角度使上道次的磨痕与本道次的磨痕方向垂直。每道次磨制以磨面平整、磨痕方向一致、且覆盖上道次磨痕为止。建议在更换砂纸前用水冲、纸巾擦拭等方式清洁试样磨制面,避免把上道次磨屑颗粒(粗)带入下道次金相砂纸上(细)。

⑤重复③～④步骤直至最细号砂纸。

⑥建议在更换砂纸的过程中将玻璃板打扫干净,以免前面的粗砂粒留在玻璃板上,造成后面的细磨难于完成。

⑦预磨工序结束后,清理工作台面并整齐摆放砂纸。

(2)机械预磨操作规程

①在正式磨样前,清理工作台面的灰尘或磨料颗粒,以免影响磨样质量。将砂纸放置合适位置(建议如图1所示摆放,未使用的砂纸从上到下按照从粗到细的顺序叠放)。

②检查预磨机启停、运转等情况,了解预磨机转动方向(一般为逆时针方向),

检查操作工位,消除安全隐患。

　　③将水磨砂纸浸湿后平放在研磨盘中。安装好砂纸后,调节合适的冷却水流,水流不能太大,防止溅出。之后打开预磨机电源。

　　④样品无标记面为磨制面。磨制面边缘无倒角的需先行倒角(0.5~1 mm,45°,手工、机磨均可);倒角后即可进行样品预磨。

　　⑤样品放置在如图 3 所示位置附近用力持住并轻轻靠向砂纸,待试样与砂纸接触良好并无跳动时,可以用力压住试样进行磨制。当磨面平整、磨痕方向一致且完全消除上道次磨痕之后,本道次磨制结束,可依次换上从粗到细牌号水砂纸进行下道次预磨。

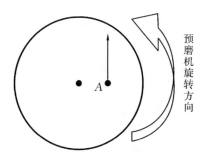

图 3　预磨机试样放置位置示意图

　　⑥每换一道砂纸前,用冷却水冲洗预磨盘,以免上一道砂纸颗粒遗留影响后续制样质量。

　　⑦每道次磨制时,磨痕方向与上道次的磨痕方向垂直。

　　⑧重复④~⑥步骤直至最细号砂纸。

　　⑨每一次离开预磨机工位转入其他操作前,应关闭预磨机电源及水源。

　　⑩预磨工序结束后,清理工作台面并整齐摆放砂纸。

　　(3)试样抛光操作规程

　　①检查抛光机启停、运转等情况,了解抛光盘转动方向（一般为逆时针方向）;检查抛光剂（抛光膏）和抛光布是否齐备;检查、清洁抛光操作工位,消除安全隐患。

　　②正式比赛前,抛光布已由工作人员装好。比赛过程中如遇抛光布破损等情况需更换抛光布时,则由选手自己操作:将浸湿的抛光布平整地贴在抛光盘上,再将固定箍环从上到下按压在抛光盘上,沿边缘按压确保固定稳固。

　　③开始抛光前,要使用清水冲洗试样和手,将磨制试样上可能粘带的砂粒冲洗干净,以免将砂粒带入,影响抛光效果。

　　④打开抛光机电源,在抛光布上滴适量抛光液。稳定拿持试样（建议使用拇

指、食指和中指拿持试样),以适当压力将试样抛光面均匀压附在抛光布表面(当抛光盘逆时针转动时,在抛光盘的右半边区域,反之则在左半边区域)进行抛光。抛光时试样所受摩擦力随施加压力增大而变大,所需握持力也应随之增大,因此开始抛光时应注意用力握持试样样品,而不要施加过大压力,避免试样脱手飞出。

⑤初始抛光时,试样位置宜在抛光盘圆心附近,感觉适应了抛光握持感后,可逐步将试样外移,这时试样所处位置的抛光盘线速度增大,试样抛光面受摩擦力变大,抛光速度也加快。抛光时可将试样逆抛光盘的转动方向而转动,同时也由抛光盘中心至边缘往复移动。这样既可以避免抛光表面产生"拖尾"缺陷。同时还能减少抛光织物的局部磨损,保证抛光效果,如图4所示。

图4　试样在抛光盘上往复移动

⑥抛光过程中需断续性地适量添加抛光液或抛光膏。抛光液使用前,应尽量摇匀,避免出现抛光磨料的沉淀或团聚。抛光前可开动抛光机,在抛光布上倾洒抛光液,使抛光磨料均匀分布于抛光布上。抛光过程中根据需要,适量滴洒。金刚石抛光膏使用时可均匀涂抹在湿润的抛光布上,使其纳入纤维缝隙,随后开动抛光机进行抛光。抛光过程中添加抛光膏时,可沾取少量抛光膏均匀涂抹于整个抛光面上后进行抛光。

⑦抛光过程中,在添加抛光磨料的同时,还要适时、适量地使用相应的冷却液(抛光液本身或冷却水),控制好抛光布的湿度。

⑧当试样抛光面上肉眼看不到划痕,整个抛光面平整光亮如镜,可清晰映像时,即可将试样迅速用清水冲洗,随后使用无水酒精脱水,再用吹风机吹干,即可结束抛光转入浸蚀步骤。也可在转入浸蚀步骤前在显微镜下观察抛光效果(显微镜观察需遵循以下给出的显微观察操作规程)。

⑨抛光过程中应及时将实验垃圾等集中放置于垃圾盛放器皿中。

⑩每一次离开抛光机工位转入其他操作前,应关闭抛光机电源及水源。

⑪抛光工序结束后,将实验器材恢复至实验前摆放位置。

（4）试样浸蚀操作规程

①检查浸蚀液、竹夹、脱脂棉或棉棒、培养皿等正常、齐备。

②浸蚀操作可采用浸入法、擦蚀法或滴蚀法：

• **浸入法**：将试样抛光面向下浸入盛有浸蚀剂的培养皿中，不断摆动。

• **擦蚀法**：用竹夹夹持吸满浸蚀剂的脱脂棉球或手持棉棒擦拭抛光面（抛光面应适当倾斜）。

• **滴蚀法**：用滴管吸取适量的浸蚀剂，滴在抛光面，同时样品抛光面适当倾斜并不断转动，使得浸蚀均匀。

③浸蚀过程中注意观察试样抛光面变化，待其呈浅灰白或灰色后，即可使用清水冲洗抛光面，终止浸蚀。随后立即用无水酒精脱水，最后用吹风机斜向吹干试样表面。

④浸蚀过程中应小心谨慎，防止腐蚀液接触到皮肤（若皮肤接触到腐蚀液，应及时用清水冲洗）。

⑤浸蚀过程中应及时将实验垃圾如用过的棉球、棉棒等集中放置于垃圾盛放器皿中。

⑥浸蚀工序结束后，关闭水龙头、清洁整理实验台，将实验器材恢复至实验前摆放位置。

（5）显微观察操作规程

①使用显微镜前必须保证手、样品干燥整洁，不得残留有水、腐蚀剂、抛光膏等。

②检查显微镜电源连接、目镜和物镜配置、粗调和微调旋钮、光栏、载物台移动等正常后开电源。

③调整目镜和物镜的倍数组合，一般在100倍和500倍的放大倍数下进行金相显微观察。

④将待观察的试样放置于载物台上，调节显微镜粗动调焦手轮缓慢调节物镜与载物台的距离，使物镜与样品之间达到观察所需的最小距离（调节过程必须缓慢，避免物镜直接撞击接触到试样）。此时观察目镜，目镜中出现影像，再调节微动调焦手轮，直至影像清晰。

⑤通过调节孔径光栏、视场光栏，得到最佳观察亮度。

⑥通过调节载物台纵向和横向移动手柄以移动试样，改变观察区域，不得直接用手移动试样（对于倒置显微镜，如需观察工作台通光孔以外区域时可以提起试样，悬空转动试样，将该区域放置在通光孔中央，继续观察或者调整工作台横向位置后再观察）。

⑦若要转换放大倍数，必须首先用粗动调焦手轮增大物镜与载物台之间的距

离,再将物镜座调至所需的物镜。物镜调到位置后,重复④操作。

⑧在观察结束后,用粗动调焦手轮增大物镜与载物台之间的距离,而后取下试样(倒置式显微镜可不调整物镜与载物台之间的距离直接取下试样)。

⑨每一次离开显微镜工位转入其他操作或提交试样前,转换物镜座至低倍物镜(初始状态),调节载物台纵向和横向移动手柄将载物台对中(初始状态),关闭显微镜电源。清理观察台,将实验凳复位。

⑩在整个显微镜观察过程中,手、试样等不能触碰物镜、目镜镜头。

参考文献

[1] 沈莲.机械工程材料[M].北京:机械工业出版社,2003.

[2] 石德珂.材料科学基础[M].北京:机械工业出版社,2003.

[3] 何明,赵文英.金属学原理实验[M].北京:机械工业出版社,1988.

[4] 林昭淑.金属学及热处理实验与课堂讨论[M].长沙:湖南科学技术出版社,1992.

[5] 史美堂,柏斯森.金属材料及热处理习题集与实验指导书[M].上海:上海科学技术出版社,1983.

[6] 陆文周.工程材料及机械制造基础实验指导书[M].南京:东南大学出版社,1997.

[7] 温其诚.硬度计量[M].北京:中国计量出版社,1991.

[8] 胡江桥.金属材料成分分析技术现状及发展趋势[J].中国新技术新产品,2013,10:99-100.

[9] 李大为.金属材料成分分析方法现状与趋势[J].工业设计,2012(03):28.

[10] 赵黎锋.各种金属材料成分分析方法现状与趋势[J].科技创新导报,2012,5.

[11] 王建国.材料力学性能测试与评价技术进展[J].工程与试验,2008,1-28.

[12] 陈文哲.材料力学性能测试技术的进展与趋势[J].理化检验-物理分册,2010,46(2):102-109.

[13] 李炯辉.金属材料金相图谱[M].北京:机械工业出版社,2006.